David Revelo
Miguel Peña

Herramientas VIS-NIR para estudiar la fisiología de especies vegetales

David Revelo
Miguel Peña

Herramientas VIS-NIR para estudiar la fisiología de especies vegetales

Estudio en especies fito-remediadoras de agua

Editorial Académica Española

Imprint
Any brand names and product names mentioned in this book are subject to trademark, brand or patent protection and are trademarks or registered trademarks of their respective holders. The use of brand names, product names, common names, trade names, product descriptions etc. even without a particular marking in this work is in no way to be construed to mean that such names may be regarded as unrestricted in respect of trademark and brand protection legislation and could thus be used by anyone.

Cover image: www.ingimage.com

Publisher:
Editorial Académica Española
is a trademark of
International Book Market Service Ltd., member of OmniScriptum Publishing Group
17 Meldrum Street, Beau Bassin 71504, Mauritius

Printed at: see last page
ISBN: 978-620-0-40136-6

CONTENIDO

RESUMEN 1

INTRODUCCIÓN 2

1. PLANTEAMIENTO DEL PROBLEMA Y JUSTIFICACIÓN 4

2. MARCO TEORICO 8

    2.1 *Heliconia psittacorum* 8

    2.2 Mercurio como metal tóxico 8

    2.3 Contaminación por mercurio en Colombia 9

    2.4 Fitorremediación de ambientes contaminados con metales pesados 11

    2.5 Fitorremediación en Colombia 12

    2.6 Estrés Fisiológico 13

    2.7 Fito-toxicidad por metales pesados 16

        2.7.1 Fito-toxicidad por mercurio 17

        2.7.2 Mecanismos de respuesta ante el estrés por MP 17

    2.8 Imágenes IR y estado de salud de especies vegetales 18

        2.8.1 Imágenes en el espectro Visible 18

        2.8.2 Imágenes en el espectro Visible-NIR 18

        2.8.3 Imágenes en el espectro infrarrojo térmico (termografías) 22

    2.9 Estimación del estado fisiológico de plantas – técnicas convencionales 24

        2.9.1 Fluorescencia a la clorofila 24

        2.9.2 Intercambio de gases (tasa fotosintética, asimilación CO_2, transpiración) .. 24

        2.9.3 Potencial hídrico 25

        2.9.4 Medida de fitohormona ABA en tejido foliar 25

3. ANTECEDENTES 26

4. OBJETIVOS 32

    4.1 Objetivo General 32

    4.2 Objetivos Específicos 32

5. METODOLOGÍA 33

    5.1 Localización 33

    5.2 Diseño experimental 33

    5.3 Unidades experimentales 35

        5.3.1 Aclimatación de unidades experimentales 35

    5.4 Equipos y materiales 36

    5.5 Métodos 38

5.5.1 Medidas de fisiología vegetal 38

5.5.2 Medidas espectrales-ópticas... 41

5.5.3 Medidas en sustrato y agua de riego 44

6. RESULTADOS Y DISCUSIÓN 47

6.1 Respuesta fisiológica de la especie *Heliconia Psittacorum* ante estrés por mercurio.. 47

6.1.1 Contenido de clorofila.. 47

6.1.2 Intercambio de gases 49

6.1.3 Producción de hojas 55

6.1.4 Eficiencia cuántica fotoquímica Fv/Fm... 56

6.1.5 Acumulación de Hg en *Heliconia Psittacorum* 57

6.2 Respuesta espectral de la especie *Heliconia Psittacorum* ante estrés por mercurio.. 59

6.2.1 Espectro de reflectancia en el rango (350nm – 800nm) 59

6.2.2 Índices espectrales de vegetación en el rango (350nm – 800nm) 59

6.2.3 Correlación entre índices espectrales de vegetación y contenido de clorofila 64

6.2.4 Reflectancia en el rango (350nm – 800nm) y clorosis foliar 68

6.2.5 Índices de vegetación a partir de imágenes multiespectrales 70

6.3 Respuesta térmica de la especie *Heliconia Psittacorum* ante estrés por mercurio 78

6.3.1 Relación entre temperatura foliar medida con CI-340 y FLIRE40 78

6.3.2 Fotosíntesis y temperatura foliar óptima 78

6.3.3 Temperatura foliar y déficit de presión de vapor...................................... 81

6.3.4 Temperatura foliar a partir de imagen termográfica................................. 82

6.3.5 VPD a partir de temperatura foliar medida en imágenes termográficas...... 83

6.3.6 Índices térmicos CWSI e IG 84

6.3.7 Índices térmicos CWSI e IG en imágenes 86

7. CONCLUSIONES... 90

8. REFERENCIAS 93

LISTA DE FIGURAS

Figura 1. Mecanismos de interacción metal-contaminante-ambiente, tomada de Smits (2005) 12

Figura 2. Tipos de estrés biótico y abiótico en las plantas. Modificado de Schulze et al. (2005).. 13

Figura 3. Fases en el estrés fisiológico de la planta. Modificada de Tadeo (2000).... 14

Figura 4. Ruta de señales en la planta bajo algún tipo de estrés. Modificado de Gaspar et al. (2002).. 15

Figura 5. Espectro típico de reflectancia en las plantas. Tomado de Li et al. (2014). 19

Figura 6. Transformación proyectiva 2D-2D para correspondencia de imágenes multiespectrales. 21

Figura 7. Mapa de localización de la experimentación. 33

Figura 8. Unidad experimental. 35

Figura 9. Montaje experimental para verificación de la calibración de la cámara térmica FLIRE40. A. Vista frontal. B. Vista lateral. C. Relación entre temperatura medida con sensor NiCr y cámara FLIRE40. 38

Figura 10. A. IRGA CI-340 configurado como sistema abierto y con aditamento de Silica Gel para deshumidificar la recámara. B. medida en campo con IRGA sobre hoja de referencia de *He*... 39

Figura 11. A. Medida de contenido de clorofila usando SPAD 502 sobre la zona media de la hoja a un lado de la nervadura central. B. Mapeo de 10 puntos para correlacionar medidas de clorofila con SPAD e índices de vegetación con cámara multiespectral 39

Figura 12. A. Adaptación a oscuridad del tejido foliar. B. medida de fluorescencia a la clorofila... 40

Figura 13. Cálculo de índices espectrales en tejido foliar de *He* usando espectrómetro STS-VIS (300nm – 800nm). 41

Figura 14. Cálculo de índices espectrales de tejido foliar de *He* usando cámara multiespectral RedEdge.. 42

Figura 15. Cálculo de índices térmicos CWSI e IG usando cámara termográfica FLIRE40. 43

Figura 16. A. Caja de arena usada para la medida de CC y saturación del suelo. B. Anillo usado para toma de la muestra. 44

Figura 17. Medida de humedad volumétrica de sustrato para ajustar la humedad a sustrato saturado.. 45

Figura 18. Diagrama de cajas y alambres para 8 instantes de tiempo durante el proceso de experimentación. 47

Figura 19. Variación promedio del contenido de clorofila en el tiempo para grupos de control y tratamiento con Hg.. 48

Figura 20. Izquierda, hoja clorótica del grupo de tratamiento. Derecha, hoja del grupo de control. 49

Figura 21. Diagrama de cajas y alambres para variable Máxima fotosíntesis de los grupos control (C) y tratamiento (T). 51

Figura 22. Diagrama de cajas y alambres para valor medio de fijación de CO_2 entre grupos de control (C) y tratamiento (T). 52

Figura 23. Relación entre tasa fotosintética y conductancia estomática para grupos de control (C) y tratamiento (T). 53

Figura 24. Relación entre conductancia estomática de la especie *Heliconia Psittacorum* y el déficit de presión de vapor. 54

Figura 25. Diagrama de cajas y alambres para la producción de hojas. Izquierda, producción de hojas día cero al día 46. Derecha, producción de hojas día 46 al día 93, para grupo de control (C) y tratamiento (T). 55

Figura 26. Producción de hojas de las UE en estudio (C1 a C4 grupo de control, T1 a T9 grupo de tratamiento). 55

Figura 27. Variación de la eficiencia fotosintética promedio en el tiempo para UE de control y tratamiento con Hg. 57

Figura 28. Análisis y réplica de contenido de Hg en tejido subterráneo y aéreo de *Heliconia Psittaocurm* 58

Figura 29. A. Espectro de reflectancia de tejido foliar de *He*. B. Espectro de reflectancia original y con filtro de media. 59

Figura 30. Comparación de espectro de reflectancia en el visible para grupo de control y tratamiento. 61

Figura 31. Variación en el tiempo de valores promedio de índices espectrales NDVI, PRI, DMAX, GNDVI, VOG1 y contenido de clorofila SPAD para grupos de control y tratamiento. 63

Figura 32. Comparación espectro de reflectancia para cálculo de índice VOG1 entre grupo de control y tratamiento. 64

Figura 33. Relación entre contenido de clorofila SPAD e índices espectrales NDVI, DMAX, PRI, GNDVI y VOG1. 66

Figura 34. Valores de contenido de clorofila SPAD estimados y medidos. A. Estimador basado en regresión lineal de VOG1. B. Estimador basado en regresión lineal de GNDVI. C. Arquitectura de red neuronal con RBF. D. Estimador basado en RBF. 67

Figura 35. A. Espectro de reflectancia Heliconia Psittacorum. Hojas sana, clorótica y senescente. B. Primera derivada del espectro de reflectancia. 69

Figura 36. Imágenes espectrales de cámara *RedEdge* de *Micasense*. A. Verde (560nm). B. Rojo (668nm). C. Infrarrojo (840nm). D. Rojo borde (717nm). 70

Figura 37. Transformación geométrica 2D de imagen IR usando la homografía partiendo de 4 puntos conocidos. 70

Figura 38. Solapamiento de imágenes (bandas IR y rojo). A. Solapamiento de imágenes sin transformación geométrica. B. Solapamiento de imágenes con transformación geométrica. 71

Figura 39. Imágenes de reflectancia. A. Reflectancia asociada al plano de color rojo. B. Reflectancia asociada al plano IR.. 72

Figura 40. Imagen GNDVI en pseudocolor de Heliconia Psittacorum. Histograma asociado a ROI de imagen GNDVI... 72

Figura 41. Izquierda. Imágenes GNDVI en escala de grises. Derecha. Corrimiento en el histograma del índice de vegetación GNDVI asociado a variaciones en el contenido de clorofila. 73

Figura 42. A. Variación de índices espectrales NDVI, NDRE y GNDVI en el tiempo. B. Relación entre contenido de clorofila SPAD e índices de vegetación NDVI, NDRE y GNDVI. 75

Figura 43. Imágenes GNDVI y NDVI. Relación entre GNDVI y SPAD sobre 10 puntos en la misma hoja. 77

Figura 44. Temperatura foliar medida con equipo CI-340 vs temperatura medida con cámara FLIRE40. 78

Figura 45. Temperatura óptima asociada a la tasa fotosintética para grupos de control y tratamiento. 79

Figura 46. Temperatura asociada a la máxima tasa de fotosíntesis de cada unidad experimental en estudio.. 80

Figura 47. Relación entre déficit de presión de vapor y temperatura foliar. 81

Figura 48. Imagen termográfica de *He* e histograma de temperaturas. A. Imagen termográfica en pseudocolor e histograma de la hoja. B. Imagen termográfica en pseudocolor e histograma de la planta. 82

Figura 49. A. Imagen termográfica UE y planta de referencia. B. Histograma de la ROI de la hoja de referencia de tejido húmedo... 83

Figura 50. A. Relación entre VPD medido con equipo CI-340 y VPD estimado a partir de cámara termográfica y estación meteorológica. B. Conductancia estomática (CI-340) vs VPD (FLIRE40).. 84

Figura 51. Relación entre conductancia estomática e índices térmicos. A. Conductancia estomática vs IG. B. Conductancia estomática vs CWSI. 86

Figura 52 Índice de conductancia estomática IG en imágenes. Conductancia estomática medida vs conductancia estomática estimada con modelo de regresión. . 88

Figura 53. Índice de estrés hídrico CWSI en imágenes. Conductancia estomática medida vs conductancia estomática estimada con modelo de regresión. 89

Figura 54. A. Arquitectura del predictor de gs basado en RBF. B. Conductancia estomática medida vs estimada con el predictor RBF. 90

LISTA DE TABLAS

Tabla 1. Estudios de fitorremediación asociada a metales pesados donde se evaluaron PF. 7

Tabla 2. Estudios de fitorremediación donde se usó la especie vegetal *Heliconia psittacorum*, tomada de Peña-Salamanca et al. (2013)........................ 8

Tabla 3. Porcentaje de individuos con síntomas según concentraciones de Hg superiores a los aceptables, fuente (Idrovo, et al., 2001). 10

Tabla 4. Algunos índices espectrales para el estudio del estado de salud de especies vegetales. 19

Tabla 5. Estudios de PF en plantas usando la respuesta óptica de especies vegetales en el rango VIS-IR. 28

Tabla 6. Variables de respuesta 34

Tabla 7. Componentes nutritivos de fertilizante 36

Tabla 8. Equipos utilizados en la experimentación 36

Tabla 9. Conductividad eléctrica y pH de agua de riego, pH de sustrato. 46

Tabla 10. Variación de p—valor en análisis de varianzas entre grupos de control y tratamiento con Hg para la variable contenido de clorofila SPAD en 8 instantes de tiempo durante el periodo de experimentación. 47

Tabla 11. Coeficiente de variación de variable Contenido de Clorofila SPAD para grupos de control y tratamiento con Hg. 49

Tabla 12. Fotosíntesis máxima y mínima asociada a cada unidad experimental UE en todo el tiempo de experimentación 50

Tabla 13. Valor medio de fijación de CO_2 para grupos de control y tratamiento durante todo el proceso de experimentación. 51

Tabla 14. p-valor asociado a análisis de varianzas para el parámetro Fv/Fm, eficiencia fotoquímica máxima, entre grupo de control y tratamiento. 56

Tabla 15. Análisis de varianzas para índices NDVI, PRI y DMAX para grupos de control y tratamiento 60

Tabla 16. Prueba estadística análisis de varianzas para índices espectrales GNDVI y VOG1 para grupos de control y tratamiento. 62

Tabla 17. Coeficientes de correlación entre contenido de clorofila SPAD e índices de vegetación. 64

Tabla 18. Análisis de varianzas para índices NDVI, NDRE y GNDVI tomados de imágenes multiespectrales para grupos de control y tratamiento. 74

Tabla 19. Coeficientes de correlación entre contenido de clorofila SPAD e índices de vegetación tomados de imágenes multiespectrales. 76

Tabla 20. Coeficiente de variación y de determinación - variables SPAD y GNDVI. 76

Tabla 21. Análisis de varianzas para índices térmicos IG y CWSI para grupos de control y tratamiento. 85

ANEXOS

Anexo A. Riego de unidades experimentales 113

Anexo B. Preparación de agua de riego dopada con mercurio 114

RESUMEN

En el mundo entero existen niveles preocupantes de contaminación por mercurio debido a actividades industriales antrópicas. Una alternativa valiosa de descontaminación de agua y suelo son los sistemas que involucran procesos de fitorremediación. En estos sistemas, es indispensable conocer el comportamiento fisiológico de las especies vegetales para optimizar su desempeño en las tareas de descontaminación. En los últimos años, se ha encontrado que las técnicas ópticas de sensado remoto constituyen una herramienta muy valiosa para determinar el estado de salud de especies vegetales de manera no invasiva y, potencialmente, en tiempo real. El propósito de este libro es evaluar técnicas ópticas remotas como herramientas para determinar el estado de salud o estrés de la especie *Heliconia Psittacorum (He)* ante una carga contaminante de Mercurio en un sustrato saturado de agua. Se sometieron individuos de la especie *He* a una carga de mercurio ($71.56 \ \mu g \ L^{-1}$) durante 3 meses en un experimento completamente al azar. Las variables de respuesta se midieron todos los días, en la primera semana de experimentación, luego dos veces por semana en los siguientes 15 días y finalmente una vez por semana hasta cumplir los 3 meses de experimentación. Durante el tiempo de experimentación se estudió la respuesta fisiológica de las plantas con parámetros como: fotosíntesis, conductancia estomática, temperatura foliar, contenido de clorofila y fluorescencia a la clorofila. Se encontraron diferencias significativas, entre el grupo de tratamiento con Hg y control, para los parámetros: máxima tasa fotosintética, contenido de clorofila y eficiencia cuántica fotoquímica ($p<0.1$). La disminución en la producción de hojas, para las unidades experimentales expuestas a Hg, mostró la inhibición parcial en el crecimiento debido a la toxicidad por Hg, sin embargo, en todos los casos, las plantas lograron mantener su sistema fotosintético activo. La acumulación de Hg, tanto en tejido subterráneo como aéreo, mostró que la especie *He* tiene la capacidad de acumular y translocar el Hg. Se evaluó la respuesta óptica en el espectro infrarrojo mediante medidas de reflectancia puntuales y en imágenes, se estimaron índices espectrales como NDVI, GNDVI, VOG1, PRI, NRDE. Se encontraron diferencias significativas entre los grupos para los parámetros: GNDVI, VOG1 ($p<0.1$). Se encontraron correlaciones mayores a 0.8 entre los parámetros contenido de clorofila y GNDVI, VOG1. Las medidas ópticas espectrales de sensado remoto permitieron identificar las variaciones en el contenido de clorofila, que pueden deberse a la fitotoxicidad por la presencia de Hg. En el infrarrojo de onda larga se estudió el comportamiento térmico de las especies vegetales usando un sensor de termografías digitales, se estimaron los índices térmicos de estrés hídrico y conductancia estomática CWSI e IG, para lo cual se desarrolló un software especializado para el procesamiento de termografías y cálculo de índices térmicos llamado *ThermalIndexV1.0*. Se desarrolló un estimador basado en redes neuronales que logró predecir la conductancia estomática a partir de índices térmicos IG, CWSI y variables ambientales ($r^2 =0.96$). Las medidas ópticas térmicas permitieron estimar, de manera no invasiva, la conductancia estomática que puede estar relacionada con situaciones de estrés de la especie vegetal. La información térmica permitió estimar el déficit de presión de vapor, variable indispensable para mantener en condiciones óptimas de crecimiento a las especies vegetales. Se encontró que las técnicas ópticas espectrales y térmicas son una herramienta importante para determinar el estado de salud de las especies vegetales en estudio. Se recomienda encaminar esfuerzos para el desarrollo de sistemas en tiempo real, una medida rápida y oportuna del estado de salud de las especies vegetales puede marcar la diferencia respecto a los equipos de monitoreo convencionales.

INTRODUCCIÓN

Los metales pesados (MP) se encuentran de forma natural, pero también provienen de fuentes antropogénicas, principalmente debido a los procesos de industrialización. Los MP llegan a los cuerpos de agua y suelos por diferentes vías y luego se bioacumulan y bioaumentan en la red trófica hasta ser consumidos por los seres humanos (Ahmad et al., 2015). El territorio colombiano no es ajeno a esta problemática, por ello numerosos estudios se han llevado a cabo para evaluar el efecto de MP como contaminantes en varias regiones del país, especialmente el mercurio (Hg) debido al impacto de la industria minera (Rodriguez-Villamizar et al., 2015; Marrugo-Negrete et al., 2015; Vergara & Rodriguez, 2015; Calao & Marrugo, 2015; Mesquidaz et al., 2013; Gasca, 2000; Idrovo et al., 2001; Mancera & Alvarez, 2006; Ortega, 2014). Varios estudios han demostrado que la técnica de fitorremediación constituye una alternativa importante en el proceso de descontaminación del suelo y agua afectados por MP (Kamal et al., 2004; Teles et al., 2014; Fernández et al., 2017; Tariq & Ashraf, 2016; Chehregani et al., 2009; Belouchrani et al., 2016; Lominchar et al., 2015; Madera et al., 2014). Madera (2015) presenta un resumen de 43 estudios de fitorremediación asociados a MP, los cuales muestran que la técnica permite remediar eficientemente agua y suelos contaminados.

Los procesos de fitorremediación producen en las plantas un conjunto de respuestas asociadas a su estado fisiológico. Gosh (2005) afirma que existe una necesidad de conocer más acerca de la fisiología de las plantas usadas en fitorremediación para optimizar los procesos de descontaminación. En muchas ocasiones, las variaciones fisiológicas de las especies vegetales están asociadas a diferentes tipos de estrés. El estrés que sufren las plantas suele estimarse midiendo parámetros fisiológicos (PF) como: conductancia estomática (gs), potencial hídrico (ψ), fotosíntesis neta (A), Contenido de clorofila y transpiración (E); además el estrés se asocia con la producción de fitohormonas como ácido abscisico (ABA), ácido salicílico (SA), ácido jasmónico (JA); o acumulación de enzimas como superóxido dismutasa, peroxidasa, (Solarte et al., 2010). Usualmente, la mayoría de PF se determinan usando: 1. Sensores invasivos, en general, de baja resolución espacial, los cuales alteran el estado natural de la planta y proporcionan medidas puntuales. 2. Medidas de laboratorio, que usualmente son invasivas-destructivas, y requieren recursos considerables de tiempo y dinero, debido a que necesitan preparación de la muestra y equipos especializados.

Investigaciones recientes, como las realizadas por Fuentes et al. (2012), Moller et al. (2007), Yuan et al. (2015), Han et al. (2016), Ramoelo et al. (2015), Wang et al. (2016), Santesteban et al. (2017), Leinonen & Jones (2004) y Romero-Trigueros et al. (2017) han mostrado que las técnicas de sensado remoto en el espectro infrarrojo (Infrarrojo cercano NIR, de longitud de onda corta SWIR, térmico, etc.) permiten evaluar el estado fisiológico de las plantas, de forma no invasiva, en diferentes condiciones cómo: estrés hídrico, infección por virus, variación en la calidad del agua de riego, etc., sin embargo, no existe suficiente evidencia del uso de estas técnicas en el estudio de las variaciones fisiológicas en los procesos de fitorremediación asociados a MP.

Se ha encontrado relación entre los índices estimados sobre imágenes NIR y parámetros asociados al estado fisiológico como: La reflectancia del tejido foliar, asociada al contenido de clorofila (Petach et al., 2014), el contenido de agua (Tran & Grishko, 2004), daño en los tejidos foliares (Kraft et al., 1996). etc. También se ha encontrado relación entre patrones termográficos cómo coeficiente de transpiración (hat), coeficiente de estrés hídrico (CWSI), índice de conductancia estomática (IG) y PF cómo fotosíntesis neta, conductancia estomática y transpiración (Yuan et al., 2015). Sin embargo, aún existen grandes retos y dificultades para identificar relaciones robustas y generales entre los índices de imágenes IR y la mayoría de variables fisiológicas. Las causas aún no son muy claras, pero algunos aspectos como el efecto del clima en la temperatura de la hoja y la variabilidad de respuestas fisiológicas de las plantas ante diferentes tipos de estrés pueden ser las razones principales (Lima et al., 2016).

En este libro se estudiará, a escala de laboratorio, la correlación existente entre PF y patrones de imágenes IR de plantas sometidas a estrés en procesos de fitorremediación de agua contaminada con Hg. El estudio se desarrolló con el apoyo del *CENTRO DE INVESTIGACIÓN EN BIOINFORMÁTICA Y FOTÓNICA* CIBioFi cuyos campos prioritarios son la agro-producción regional, la integridad del medio ambiente, y el bienestar de los ciudadanos del Valle del Cauca, la región pacífica y la nación.

1. PLANTEAMIENTO DEL PROBLEMA Y JUSTIFICACIÓN

Las consecuencias asociadas a la contaminación por mercurio (Hg) para la salud humana, en el territorio colombiano, son diversas: cefaleas, náuseas, lesiones orales, pérdida de memoria e irritabilidad (Mancera & Alvarez, 2006), cansancio, vómito, temblor, insomnio, ansiedad (Idrovo et al., 2001). Las poblaciones más vulnerables son aquellas cercanas a los efluentes de minería aurífera, y existe una necesidad marcada de remediar estos entornos contaminados. La fitorremediación se ha convertido en una alternativa importante para llevar a cabo el proceso de descontaminación, ya que se ha mostrado que se logran altas eficiencias de eliminación usando humedales construidos. Sin embargo, existe una necesidad de conocer con detalle el comportamiento fisiológico de las especies vegetales para mejorar los procesos de remediación. Madera et al. (2014) afirman que evaluar las respuestas fisiológicas de plantas en procesos de remediación es importante, no solo para determinar su capacidad de acumulación, si no también, para conocer el nivel de estrés que las plantas experimentan. Autores como Necemer et al. (2008) y Gerhardt et al. (2017) consideran que la tecnología de fitorremediación está subutilizada, al parecer por ciclos de desarrollo académicos cortos y por falta de conocimiento de los procesos que involucran a las especies vegetales fitorremediadoras.

Las respuestas fisiológicas, ante la toxicidad por Hg en las plantas, son diversas: variación en contenido de clorofila (clorosis), afectación del estado hídrico, aumento de la resistencia estomática, perdida en la asimilación de CO_2, disminución en la actividad fotosintética, necrosis (Solarte et al., 2010). Usualmente, algunos PF (conductancia estomática *gs*, transpiración *E*, respiración, fotosíntesis neta, se miden usando sensores invasivos o de contacto que permiten lecturas *in-situ*, en general, son medidas de baja resolución espacial (medidas puntuales o promedio); algunas otras características asociadas con el estrés fisiológico se miden con técnicas de laboratorio destructivas (ABA, AJ, SA, acumulación de enzimas antioxidantes, contenido de pigmentos, etc.), lo cual, constituye una limitación en la evaluación del estado fisiológico de las plantas debido a los costos en tiempo y dinero asociados a las medidas, al tiempo que se puede terminar afectando la estructura de la población vegetal en estudio. La Tabla 1 presenta un resumen de algunos estudios donde se han evaluado PF de especies vegetales asociadas a procesos de remediación de agua o suelo contaminados con MP.

En los estudios presentados en la Tabla 1, se evidencia que las medidas más frecuentes para estimar el estado fisiológico de las plantas, en el proceso de remediación asociado a MP, son medidas de laboratorio invasivas o de contacto. Según la Tabla 1, los parámetros más usados para estudiar el estado fisiológico de las especies vegetales son el contenido de clorofila (Equipo de medida: Clorofilómetro) y el contenido de pigmentos fotosintéticos (Equipo de medida: Espectrofotómetro), en menor medida se estiman los contenidos de enzimas antioxidantes propias de la respuesta de defensa de la planta a un proceso de estrés oxidativo. En general, en la estimación del estado fisiológico de las plantas en los procesos de fitorremediación, no se usan frecuentemente PF de medida *in-situ* como conductancia estomática, transpiración, fotosíntesis neta. Sin embargo, se sabe que varios de estos PF varían como respuesta de la planta al estrés hídrico, por toxicidad de MP (Tadeo, 2000). Estudios previos han demostrado que una alternativa no invasiva, para la evaluación de PF en plantas sometidas a estrés, la constituye la técnica de imágenes en el espectro NIR, SWIR y térmico. Se ha usado el IR térmico para evaluar el estado hídrico de las plantas. Por otra parte, se ha usado la reflectancia en NIR y SWIR para evaluar el estrés de las plantas estudiando parámetros asociados al contenido de clorofila. La fracción de la luz infrarroja reflejada por las plantas está asociada con las características de la superficie de las hojas, su estructura interna, concentración y distribución de componentes bioquímicos. El análisis de la luz reflejada puede ser usado para evaluar el estado fisiológico de las plantas (Penuelas & Filella, 1998).

La mayor parte de estudios del comportamiento fisiológico de especies vegetales con imágenes IR están asociados al estado hídrico y contenido de clorofila, sin embargo, estos dos aspectos pueden ser provocado por diversas causas como procesos infecciosos, contaminación con MP, condiciones ambientales adversas, etc. La regulación estomática es, en muchos casos, una medida de la planta para hacer frente al estrés en general, es por este motivo que el estudio del estrés hídrico toma particular importancia. Los indicies más ampliamente usados en el estudio del estado hídrico de las plantas son: el índice CWSI e IG, ambos tienen relación con la conductancia estomática (gs), y por tanto con el estado hídrico de la planta. Estos índices tienen en cuenta la temperatura del tejido de la hoja y las temperaturas de referencia de máxima y mínima transpiración (Gómez-Bellot et al., 2015), debido a esto, las técnicas termográficas son ideales para su estimación. Por otro lado, las imágenes espectrales en el rango VIS-NIR son más ampliamente utilizadas en la estimación de la variación del contenido de clorofila, debido a que bandas específicas en este rango se modifican cuando existe variación en el contenido del pigmento (Filella & Peñuelas, 1994; Li et al., 2015; Peñuelas & Inoue, 1999; Yang et al., 2015; Zarco-Tejada et al., 2013).

Los estudios también han revelado correlación entre índices térmicos y fitohormonas como SA y ABA. La producción de estas hormonas está asociada a un proceso de ajuste osmótico que permite, en estado de estrés, que la planta continúe absorbiendo agua para mantener su actividad biológica (Tadeo, 2000). Tal y como lo muestran los estudios, la estimación de las fitohormonas, usando métodos convencionales, requiere un proceso termoquímico que puede tardar horas, debido a que se debe preparar la muestra, someter a temperaturas específicas con el fin de obtener la extracción del compuesto del tejido foliar, tanto para la determinación de ABA (Wang et al., 2012) como de SA (Radhakrishnan & Lee, 2013). Aunque el diagnóstico del estado de estrés de las especies vegetales puede estimarse con aceptable precisión midiendo el contenido de fitohormonas, es un procedimiento laborioso y costoso. Una técnica no invasiva que permita, mediante correlación de variables, estimar el estado de estrés de la planta sin la necesidad de esperar varias horas y realizar un proceso de cuidado en un laboratorio, constituiría sin duda una alternativa atractiva para el diagnóstico.

Hasta el momento, los estudios han revelado que el principal reto de la técnica de imágenes IR, en la evaluación del estado fisiológico de las plantas, es encontrar relaciones robustas y generales que asocien los parámetros estimados via imágenes con los PF. Se cree que los principales motivos asociados a esta dificultad son la variabilidad de la respuesta de las plantas sometidas a estrés, la variabilidad asociada a los cambios climáticos en el ambiente de la planta y la variabilidad de la respuesta de diferentes especies de plantas. Se sabe que no todas las especies se afectan de igual manera ante los mismos estímulos de estrés (Lima et al., 2016). Por otra parte, en el mercado, no existen paquetes software de libre uso que permitan estimar índices de estrés como CWSI o IG a partir de imágenes térmicas. Existe una necesidad de contar con soluciones software con interface de usuario que permitan agilizar las tareas de procesamiento de imágenes, con el fin de obtener, de manera eficiente índices de estrés a partir de imágenes IR.

Debido a lo expuesto anteriormente, y teniendo en cuenta que no existen suficientes estudios que demuestren que la técnica en imágenes IR permita estimar el estado fisiológico de las plantas sometidas a estrés por Hg, en este libro, se pretende, no sólo contribuir al estudio del estado fisiológico de las plantas usando las técnicas en imágenes IR y encontrar correlaciones con PF que permitan su estimación de forma no invasiva, rápida e *in-situ*, sino, también, se pretende contribuir al estudio del comportamiento ante el estrés por Hg, de una especie vegetal nativa (*Heliconia Psittacorum*) que ha sido evaluada anteriormente en estudios sobre su capacidad remediadora de ambientes contaminados con MP (Madera et al., 2014; Madera-Parra et al., 2015). Además, se pretende dejar las bases de un paquete de software con interface de usuario que permita agilizar la estimación de índices de estrés a partir de imágenes termográficas.

Tabla 1. Estudios de fitorremediación asociada a metales pesados donde se evaluaron PF.

Metales Pesados	Especies vegetales	Tipo/Escala	Parámetros Fisiológicos	Instrumento de medida	Tipo de Medida	Fuente
Hg, Cd, Cr, Pb	*Colocasia esculenta, Heliconia psittacorum* *Gynerium sagittatum*	Microcosmos	Contenido de Clorofila,	Clorofilómetro (Minolta SPAD 502).	No invasiva – de contacto	Madera et al. (2014)
			Potencial hídrico	Cámara de presión de Scholander (Modelo 1000).	Invasiva	
Cr	*Callitriche cophocarpa*	Hidropónico	(Fv/Fm) Eficiencia fotoquímica máxima del fotosistema II	Clorofilómetro PAM 210 (Heinz Waltz GmbH, Germany).	No invasiva-de contacto	Augustynowicz et al. (2010)
			Contenido de pigmentos	Espectrofotómetro (Jasco V-530 UV–Vis.	Invasiva	
			Estructura de las hojas	Microscopio de Fuerza Atómica (AFM; Park Systems, model XE-120)	Invasiva	
Cu, Cd, Zn, Pb	*Medicago Sativa L*	Laboratorio	Contenido de Clorofila	Espectrofotómetro (UV-2800, Unico, Shanghai, China).	Invasiva	Chen et al. (2015)
			Biomasa	Prueba de laboratorio en caja de Petri.	Invasiva	
			Germinación de semillas	Prueba de laboratorio en caja de Petri.	invasiva	
Cd, Pb	*Alternanthera Bettzickiana*	Materas 5Kg	Contenido de pigmentos	Espectrofotómetro (Halo DB-20/ DB-20S, Dynamica Company, London, UK).	Invasiva	Tauqeer et al. (2016)
			Enzimas antioxidantes asociadas al estrés oxidativos: Superóxido dismutasa, Peroxidasa,	Pruebas de laboratorio químicas y fotoquímicas.	Invasiva	
Zn, Cd	*Brassica napus L*	Laboratorio	Contenido de clorofila	Espectrofotómetro.	Invasiva	Ghnaya et al. (2009)
			Biomasa	Preparación de la muestra más determinación de peso seco.	Invasiva	

2. MARCO TEORICO

2.1 *Heliconia psittacorum*

Es una especie herbácea de la familia *Heliconiaceae* que se distribuye a nivel mundial en Brasil, Colombia, Guayana Francesa, Guyana, Surinam, Trinidad y Venezuela. En Colombia se encuentra especialmente en los Llanos Orientales y en las serranías de Arauca, Casanare, Meta y Vichada, en algunas localidades de la selva amazónica y en la vertiente oriental andina. El género *Heliconia* es de hábitat neotropical, tiene un importante uso comercial por su característica ornamental. Se reconocen, preliminarmente, 93 especies en Colombia. En el Valle del Cauca crecen el 73% de las *Heliconias* de Colombia, se considera que existen entre 225 y 250 especies en total (Kress et al., 1993). La *Heliconia psittacorum* es una especie que crece entre 0.5m y 1.5m de altura, tiene hojas con pecíolo de 11-32 cm de largo, inflorescencia erecta de 8-18 cm de largo, raquis flexuoso de color anaranjado glabro, flores anaranjadas, rojas o amarillas con ápices verde-oscuro, glabras, y rectas a parabólicas (SIB, 2009).

Estudios anteriores han demostrado que la especie *Heliconia psittacorum* puede desempeñar un papel importante en la remediación de ambientes afectados con una variedad de contaminantes. Peña-Salamanca et al. (2013) presentan los estudios realizados con algunas especies nativas tropicales en procesos de fitorremediación, La Tabla 2 presenta algunos estudios realizados con la especie *Heliconia Psittacorum*.

Tabla 2. Estudios de fitorremediación donde se usó la especie vegetal *Heliconia psittacorum*, tomada de Peña-Salamanca et al. (2013)

Eliminación de contaminante	Referencia
DBO5, DQO, NO_3, NH_4+, SST	Ascuntar & Toro (2007), Gutiérrez (2009), Sandoval (2009)
DQO, P-PO4, NH_4+, NO_3	Konnerup et al. (2009)
Metales pesados: Hg^{+2}, Cd^{+2}, Cr^{+6}, Pb^{+2}	Madera et al. (2014)
Cr^{+6}, DQO, Nitrógeno (NH_4+, TKN, NO_3)	Cortes et al. (2013)

2.2 Mercurio como metal tóxico

El mercurio es un metal líquido a temperatura ambiente y presión atmosférica, forma sales en dos estados iónicos Hg^{+1} y Hg^{+2}. El mercurio puede unirse a moléculas orgánicas formando compuestos organomercuriales de alta toxicidad que pueden sintetizarse de manera natural o artificial. En el ambiente, el ion Hg^{+2} es más común que el ion Hg^{+1}. Las principales fuentes de Hg natural son las emisiones volcánicas y la volatilización desde los océanos. Estudios muestran que el reservorio global de mercurio en la atmósfera se ha incrementado por un factor de 2 a 5 desde el inicio del periodo de industrialización. Algunas de las industrias asociadas con el consumo de Hg son: la fundición de plomo, cobre y zinc, la quema de combustible fósil, las industrias de equipos eléctricos, pintura, cloro-álcali (producen cloro gaseoso y soda cáustica), minería aurífera, agricultura (fungicidas), baterías, medicina y odontología (Boening, 2000).

La vía de transporte más importante de Hg en el mundo es la que existe en fase gaseosa en forma elemental Hg^0. Se estima que un tercio del Hg atmosférico proviene de fuentes industriales, el Hg^0 puede convertirse en el ion toxico Hg^{+2} sobre todo en presencia de materia orgánica. El Hg inorgánico también puede ser convertido a través del proceso de metilación a metilmercurio por algunas bacterias, compuesto organometálico que se bioacumula en los peces y puede ser finalmente consumido por el hombre. El Hg en sus formas tóxicas puede ser nocivo para la biota en general: microorganismos, plantas acuáticas, invertebrados acuáticos, peces, animales marinos, aves, plantas terrestres, invertebrados del suelo, animales (Boening, 2000). En los humanos, se ha demostrado que el Hg puede causar daños a la salud como quemaduras en la piel, retraso en crecimiento de los niños, daños en la dentadura, problemas de corazón, afecciones respiratorias, disfunciones renales, problemas en articulaciones (Riaz et al., 2016); cuando las exposiciones son prolongadas, los daños más críticos son los relacionados con lesiones en el sistema nervioso central que disminuyen considerablemente la calidad de vida de las personas (Nakazawa et al., 2016).

2.3 Contaminación por mercurio en Colombia

La principal fuente de contaminación de los ecosistemas por Hg en Colombia proviene de la minería aurífera legal e ilegal. La minería soporta un sector considerable de la economía de Colombia. Según Legiscomex (2013), entre noviembre del 2012 y enero del 2013, las minas y canteras tuvieron un crecimiento de 12%, puesto que pasaron de ofrecer 210.362 a 235.521 empleos directos. La llegada de diversas multinacionales al país para explotar los minerales ha generado un significativo aumento del empleo. Sin embargo, si bien la minería aurífera constituye una fuente importante de empleo y de ingresos para el país, es indudable que los efectos sobre la salud de las personas y el ambiente son devastadores. En general, el deterioro de la salud humana y ambiental, debido a las prácticas mineras puede verse desde dos perspectivas: 1. la afectación directa por la extracción del metal y 2. la contaminación por los residuos producto del beneficio del oro.

Numerosos estudios se han llevado a cabo para evaluar el efecto de la minería aurífera en el territorio colombiano. Un estudio sobre la concentración de Hg en el cabello de un grupo poblacional en Bolívar lo presentan Olivero et al. (1995), se encontraron diferencias significativas entre la población expuesta a la contaminación y la población de control, además, se relacionó la presencia de Hg con síntomas de intoxicación mercurial como cefalea, náuseas, lesiones orales, pérdida de memoria e irritabilidad.

Mancera & Alvarez (2006) presentan el estado del conocimiento de las concentraciones de Hg en algunos peces dulceacuícolas de Colombia, en la publicación se resumen los valores de concentración de Hg encontrados en diferentes zonas del país. En la cuenca de la Ciénaga de Lorica se reportan concentraciones entre 0.3 y 0.7 μg g^{-1} de Hg en los tejidos de la especie *Prochilodus magdalenae*. En la cuenca de Ciénaga Grande de Achi se reportan concentraciones entre 0.74 y 1.122 μg g^{-1}de Hg en la especie *Hoplias malabaricus*. En la cuenca del rio San Jorge se reportaron 0.381 μg g^{-1} de Hg en la especie *Ageneiosus caucanus*. Se evidencia que el impacto de la contaminación con Hg en biota acuática colombiana ocurre de manera generalizada en todo el territorio, con mayor incidencia en las zonas cercanas a canteras mineras.

Los efectos de la contaminación de Hg sobre las personas son abordados por Gasca (2000), donde se muestra que el riesgo para parestesias aumenta en un 24.5%, para la población minera de Guainía. Se encontró que el 95 % de los niveles de sangre encontrados en las muestras de estudio estaban por encima de 200 μg L^{-1}. Idrovo et al. (2001) presentan los efectos de la contaminación de Hg sobre una población minera aurífera en Guainía, se encontró que sólo el 4.6% de los individuos presentan concentraciones de Hg debajo del límite máximo permisible. Para aquellos individuos con concentraciones de Hg por encima de los valores aceptables (sangre: <20 μg L^{-1}, cabello: <5 μg g^{-1}) se presentaron síntomas de intoxicación importantes que se muestran en la Tabla 3.

Tabla 3. Porcentaje de individuos con síntomas según concentraciones de Hg superiores a los aceptables, fuente (Idrovo, et al., 2001).

Síntomas	Cabello % >5μg g^{-1}	Sangre % >20μg L^{-1}
Sabor metálico	8.77	8.62
Sensación de quemadura	7.02	6.9
Sangrado de encías	8.77	8.62
Salivación excesiva	19.30	18.97
Disminución de agudeza visual	17.54	17.24
Pérdida de piezas dentales	14.04	15.52
Pérdida de apetito/peso	26.32	27.59
Cansancio	43.86	44.83
Vómito o diarrea	10.53	10.34
Disminución de productividad laboral	40.43	38.78
Disminución de la memoria	33.33	32.00
Temblor	39.58	38.00
Insomnio	33.33	32.00

Ansiedad	33.33	32.00
Delirios	6.25	6.00
Desconfianza	14.58	14.00

2.4 Fitorremediación de ambientes contaminados con metales pesados

Una técnica alternativa para la descontaminación de suelos y agua es la fitorremediación, que constituye el uso de plantas para eliminar las sustancias contaminantes. Unas variedades de compuestos pueden ser extraídos mediante esta técnica, además, puede ser usada *in-situ* favoreciendo el mínimo disturbio en el ambiente. La fitorremediación se considera una tecnología verde, y, bajo condiciones adecuadas, se considera amigable con el ambiente y con la salud humana. Por otro lado, la descontaminación de suelo y agua usando esta técnica, en general, puede tomar un tiempo relativamente grande, el consumo de las especies vegetales por animales o humanos puede implicar riesgos adicionales, debe evaluarse la toxicidad de la biomasa cosechada y establecer la forma más segura de su disposición final. La eficiencia del proceso de remediación puede depender de las condiciones climáticas, si las condiciones ambientales desfavorecen el crecimiento de las especies vegetales, se reducirá la eficiencia del proceso de remediación (Henry, 2000).

Existen 5 formas de fitorremediación aplicables a la remediación de suelo y agua contaminados con MP, ver Figura 1. **Fitodegradación:** Se refiere al proceso de degradación de los contaminantes por parte de las plantas con el uso de enzimas, usualmente, este proceso ocurre al interior de los tejidos. **Fitoextracción:** Se refiere a la absorción del contaminante por parte de las raíces desde el suelo, y a su translocación a las partes aéreas, el contaminante es eliminado cosechando la planta. **Fitovolatilización**: Es el proceso de liberación de contaminantes, en estado gaseoso, desde la planta a la atmósfera, aunque es ideal en la eliminación de contaminantes orgánicos, también es un proceso efectivo en la eliminación de Hg y Se. **Fitoestabilización:** Se refiere a la acción de las plantas para lograr la estabilización de los contaminantes en el suelo, evitando la lixiviación y escorrentía de los mismos, favoreciendo la precipitación de los MP y reduciendo su biodisponibilidad. **Rizofiltración:** Es el proceso en el que las raíces de las plantas absorben, concentran y precipitan los MP, las plantas pueden ser usadas como filtros en humedales construidos o cultivos hidropónicos (Hooda, 2007).

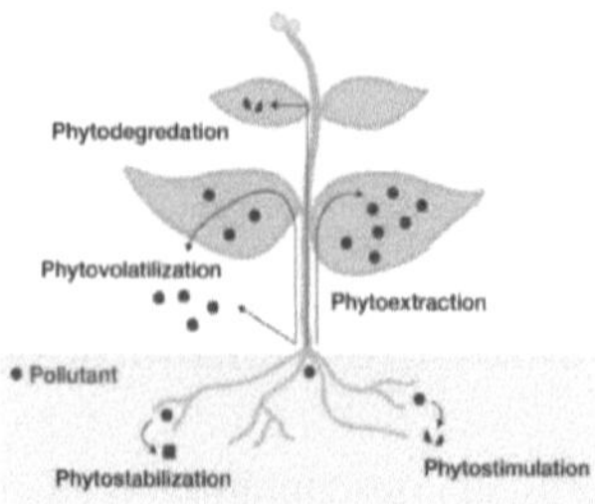

Figura 1. Mecanismos de interacción metal-contaminante-ambiente, tomada de Smits (2005)

2.5 Fitorremediación en Colombia

En Colombia, se han realizado diversos estudios en los que se ha evaluado la capacidad remediadora de las plantas en humedales construidos. Arias & Brix (2003) describen las generalidades de la tecnología de humedales construidos y reportan las primeras publicaciones realizadas en los años 1998 y 2001. En escala de laboratorio, Rodriguez & Ospina (2005) mostraron la potencialidad de la fitorremediación para mejorar la calidad del agua del río Bogotá usando especies nativas. En el estudio, a escala laboratorio, se obtuvo reducción de DQO 37%, DBO 10%, Coliformes totales 49%, TSS 27%, NO_2 83%, NO_3 30%. Arias et al. (2010) evaluaron la efectividad de los humedales construidos para reducir la carga contaminante en el tratamiento de agua residual de granjas porcícolas del Centro de Recursos Renovables La Salada, donde se obtuvo eliminación mayor de 80% para sólidos suspendidos, nitrógeno y fósforo. Se han encontrado eliminaciones mayores al 90% de DQO en humedales construidos subsuperficiales de flujo horizontal a escala piloto, Montoya et al. (2010) desarrollaron un estudio usando las especies macrófitas *Heliconia psittacorum, Phragmites y Canna limbata*.

En Colombia, se ha evaluado la capacidad remediadora de especies vegetales nativas como *Heliconia psittacorum, Colocasia esculenta* y *Gynerium sagittatum* para remediar ambientes contaminados con MP. Madera et al. (2014) estudiaron la capacidad acumuladora de los metales pesados Hg^{+2}, Cd^{+2}, Cr^{+6}, Pb^{+2} en humedales construidos de flujo subsuperficial en el tratamiento de lixiviados de relleno sanitario. Los MP en los tejidos, en general, se dispusieron en el siguiente orden: raíz>hoja>tallo. El estudio demostró que las especies nativas involucradas pueden tolerar y acumular los metales pesados mencionados, favoreciendo la descontaminación del lixiviado objeto de tratamiento. Un estudio similar lo realizaron Sanchez et al. (2010), donde evaluaron la adaptación, crecimiento y capacidad remediadora de las especies vegetales *Bidens pilosa, Lepidium virginicum, Brachiaria decumbens* y *Arachis pintoi*, las especies vegetales fueron sometidas a contaminación por Pb, Cr, Cd y Ni. Los resultados revelaron que todas las especies mostraron un nivel adecuado de adaptación y crecimiento a las condiciones de contaminación. El estudio determinó, que las especies evaluadas, poseen baja eficiencia remediadora. En Colombia, las investigaciones en los ámbitos académicos continúan, se evidencia la necesidad de ampliar los estudios sobre la capacidad remediadora de diferentes especies vegetales y su respuesta fisiológica, frente a diferentes tipos de contaminación.

2.6 Estrés Fisiológico

El estrés en las plantas es una condición fisiológica modificada causada por factores que tienden a alterar un equilibrio y llevan a la especie fuera de su estado termodinámico óptimo (Gaspar et al., 2002). Los factores que pueden afectar el desarrollo normal de la planta, según la fuente que los origine, pueden ser bióticos, si son causados por la actuación de seres vivos (bacterias, insectos, hongos, etc.), o abióticos, en este grupo se encuentra la sequía asociada al estrés hídrico, metales pesados, temperatura, salinidad, etc. (Schulze et al., 2005). La Figura 2 presenta los factores de estrés que pueden influir en la respuesta fisiológica de la planta provocando algún tipo de disfunción.

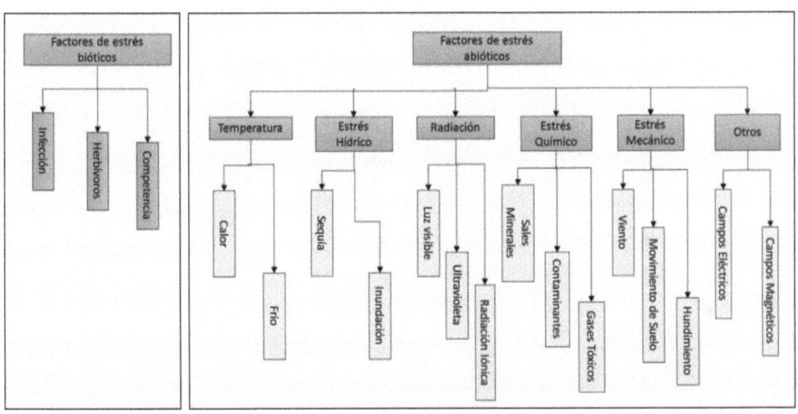

Figura 2. Tipos de estrés biótico y abiótico en las plantas. Modificado de Schulze et al. (2005).

Diferentes tipos de estrés en la planta, causados por diferentes factores, pueden provocar respuestas fisiológicas similares, en general, para cualquier tipo de estrés se pueden identificar 4 etapas: Fase de alarma, Fase de resistencia, Fase de agotamiento, Fase de regeneración (Tadeo, 2000), ver

Figura 3.

Fase de alarma: Las plantas disminuyen sus actividades biológicas básicas en tanto se presenta un factor de estrés, luego, se activan los mecanismos necesarios para hacerle frente al estrés. Existen dos posibilidades: i) La especie activa una defensa suficientemente robusta para pasar a la etapa de resistencia, ii) La especie no posee mecanismos adecuados de defensa o el estrés supera la capacidad de respuesta defensiva de la planta, en este caso, se producen daños irreversibles y la muerte.

Fase de resistencia: En esta fase los mecanismos de defensa producen acomodación del metabolismo celular para las nuevas condiciones, y adaptaciones morfológicas adecuadas. Los cambios en la planta permiten alcanzar un nuevo estado fisiológico óptimo para las actuales condiciones, hasta llegar al grado máximo de resistencia.

Fase de agotamiento: Se produce si después de la fase de resistencia, la situación de estrés se mantiene, se agota la capacidad de resistencia de la planta y nuevamente sus funciones biológicas se ven mermadas. Si la situación de estrés no desaparece la planta muere.

Fase de regeneración: Se produce si después de la fase de agotamiento, el estrés desaparece, las funciones fisiológicas de la planta se regeneran y alcanzan un nuevo estado óptimo.

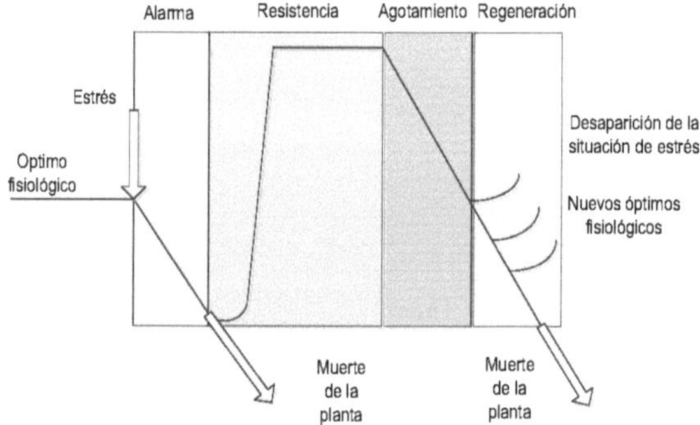

Figura 3. Fases en el estrés fisiológico de la planta. Modificada de Tadeo (2000).

Inicialmente, la planta reconoce el estrés a nivel celular, y las señales siguen un camino complejo hasta que se manifiestan algunas respuestas. De forma general, se pueden identificar tres etapas fundamentales en los mecanismos que la planta pone en marcha frente al estrés: i) Identificación del estímulo estresante por parte de la planta a nivel celular. ii) Procesamiento y adaptación del estímulo, integración a las rutas de transporte de información de la planta. iii) Alteración del metabolismo y regulación de la respuesta génica (Tadeo, 2000). La membrana de las células es el primer sensor detector del estímulo estresante, un conjunto de fitohormonas y compuestos mensajeros secundarios son los transductores de la señal de estrés (transforman la señal de tal forma que sea interpretada a nivel celular). Luego se produce una alteración en el metabolismo a nivel del núcleo celular, se favorece la expresión de algunos genes mientras se suprime la expresión de otros, finalmente se produce un conjunto de respuestas que hacen frente a la situación de estrés. Existen varias fitohormonas que forman parte de los mecanismos de transmisión de las señales de estrés en las plantas, éstas inducen la expresión de genes que codifican proteínas asociadas a las respuestas y adaptaciones a las condiciones estresantes. En la Figura 4, se presentan las señales causadas por un factor estresante en la planta (Gaspar, et al., 2002).

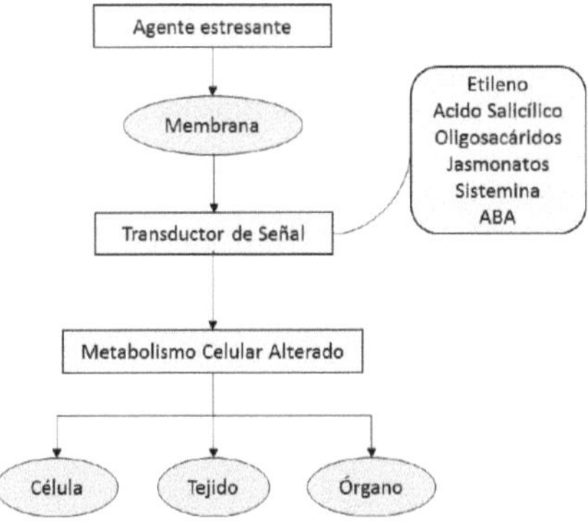

Figura 4. Ruta de señales en la planta bajo algún tipo de estrés. Modificado de Gaspar et al. (2002).

El estrés hídrico, es probablemente, la condición más común. Las plantas están continuamente absorbiendo agua por la raíz y perdiéndola por las hojas, solamente hay absorción de agua si su potencial hídrico tiene un valor más negativo que el del suelo, cuando el potencial hídrico se iguala con el externo se inhibe la absorción de agua y la planta se deshidrata. El estrés hídrico provoca cierre estomático y reduce la tasa de transpiración, disminuye la actividad fotosintética y se inhibe el crecimiento.

Estas respuestas están reguladas por la producción de ABA por parte de las raíces que se lleva a la zona aérea a través del xilema. El ABA provoca también reducimiento caulinar (rizomas y tallos), ajuste osmótico que consiste en la acumulación de solutos en respuesta al déficit hídrico y la disminución del potencial hídrico total de hojas, tallos y raíces; como resultado, las plantas pueden absorber agua y mantener la actividad fisiológica. La sequía, salinidad, temperaturas externas y el encharcamiento provocan la reducción del potencial hídrico de los tejidos. Las plantas responden sintetizando una amplia gama de compuestos denominados osmoprotectores, que actúan bien como osmolitos, facilitando la retención del agua por el citoplasma y reajustando el potencial hídrico intracelular (Krishania et al., 2013).

El etileno es una fitohormona que se sintetiza debido a diferentes tipos de estrés. El ataque de patógenos, deficiencia de hierro, lesiones, el viento, excesiva compactación del suelo, déficit hídrico, salinidad, calor, frío, hipoxia, O_3, SO_2, acumulación de metales, etc. El etileno participa en la regulación de muchas respuestas adaptativas como la alteración del crecimiento de raíz, tallo, hojas, la inducción de raíces adventicias, la senescencia y la abscisión. La sequía, la salinidad, el frio, el calor y la presencia de metales inducen la síntesis de proteínas denominadas de choque térmico HSP. Su nivel, en los tejidos sometidos al estrés, pueden llegar a ser hasta 200 veces superior al basal, y algunas HSP se acumulan hasta representar el 1% del total de las proteínas (Tadeo, 2000).

El funcionamiento metabólico aeróbico en la planta genera y consume, de forma continua y controlada, una amplia variedad de especies activadas del oxígeno (EAO), como el anión superóxido O_2^-, el peróxido de hidrógeno H_2O_2, el radical hidroxilo OH^-, o el oxígeno en estado singlete $^1O_2$. Prácticamente todas las situaciones de estrés alteran el metabolismo celular y desacoplan el balance de producción-eliminación de EAO, provocando su acumulación e imponiendo condiciones de estrés oxidativo. Frente a estas condiciones las plantas estimulan la síntesis de antioxidantes (Tadeo, 2000).

2.7 Fito-toxicidad por metales pesados

La toxicidad por MP causa en la planta una serie de desórdenes a nivel metabólico, celular, en el proceso de fotosíntesis, y provoca ciertos mecanismos de resistencia por parte de las plantas. Uno de los síntomas más fácilmente detectables, por ser visible, es la inhibición del crecimiento longitudinal de la raíz, se bloquea el proceso de división celular, que, en muchas ocasiones, induce al engrosamiento radial y estimula la producción de raíces laterales que tampoco crecen considerablemente en la dirección longitudinal. Las especies afectadas por la toxicidad de los MP presentan, en general, reducción del área foliar, clorosis (insuficiencia de clorofila), manchas pardo-rojizas fenólicas en tallos, peciolos y hojas, finalmente necrosis foliar (Solarte et al., 2010).

La pared celular constituye la primera interface entre las células de la planta y los MP, se sabe que el principal efecto es el trastorno en la biosíntesis de los constituyentes macromoleculares de la pared celular, que reducen su elasticidad, principalmente por la interacción con Cd y Al. También cationes como los de Cu y Hg parecen afectar las funcionalidades de las membranas celulares y la inhibición de los canales hídricos, afectando las proteínas de las membranas que transportan moléculas de aguas (acuaporinas), especialmente en el caso del Hg. Los efectos tóxicos sobre las membranas son atribuidos, en general a la generación de radicales libres que ocasionan la peroxidación de lípidos de las membranas, pueden dañar los ácidos nucleicos y afectar la fotosíntesis. Respecto al proceso fotosintético se presenta inhibición de la asimilación de CO_2, debido a la resistencia estomática (por cierre estomático) y resistencia mesofílica (asociada a la resistencia celular). Estos síntomas pueden ser causados por la alteración de la absorción y traslocación de agua que produce el efecto tóxico de los metales a nivel radicular (Solarte et al., 2010).

2.7.1 Fito-toxicidad por mercurio

El ion Hg^{+2} puede unirse a dos sitios de una molécula de proteína sin deformar su cadena, o puede unir dos cadenas de proteínas, situación que puede provocar la precipitación o desnaturalización de las proteínas. La acción tóxica del Hg puede estar relacionada con inhibición de una variedad de encimas intracelulares. El Hg incrementa los niveles de pigmentos como clorofila y carotenoides en exposiciones de tiempo corto, pero decrecen si la exposición es duradera, esto afecta las reacciones fotosintéticas, e inhibe los canales fotosintéticos de transporte de electrones. El Hg inhibe también los canales hídricos en la membrana celular de las plantas. A concentraciones mayores a $1mg\ L^{-1}$ se favorece la peroxidación lipídica a nivel de la membrana celular, este fenómeno ocasiona el daño estructural de la membrana, aumentando la permeabilidad y disminuyendo la barrera de protección de la planta, además afecta el sistema de defensas antioxidantes (Patra et al., 2004).

La exposición a Hg, además de reducir la fotosíntesis, reduce las tasas de transpiración y la incorporación de agua. El metal produce daños en el tejido radicular, lo que afecta la disponibilidad de agua y de nutrientes. Exposición a componentes orgánicos e inorgánicos de Hg producen perdida de potasio K^+, magnesio Mg y manganeso Mn, y la acumulación de Hierro Fe. Mientras que el mercurio inorgánico, particularmente $HgCl_2$, afecta la membrana plasmática, el metilmercurio puede afectar el metabolismo en el citoplasma para luego afectar la integridad de la membrana celular (Boening, 2000). Se considera que el Hg puede causar daño al material genético. En el ADN se presentan sitios potencialmente reactivos con Hg, la incorporación crónica de Hg puede provocar aberraciones cromosómicas y alteraciones del huso mitótico que es fundamental en el proceso de división celular (Patra et al., 2004; Kumar et al., 2017).

2.7.2 Mecanismos de respuesta ante el estrés por MP

La respuesta ante la presencia de MP está asociada a una red compleja de señales que está dominada por la síntesis de proteínas específicas. Las rutas de respuesta están relacionadas con el sistema Ca-Calmodulina, señales de EAO y producción de fitohormonas. La alteración del balance entre especies oxidantes y antioxidantes se afecta por la producción de EAO (anión superóxido O^{-2}, el hidroxilo OH^-, peroxilo, oxigeno singlete $^1O_2$, y peróxido de Hidrógeno H_2O_2.), como resultado del estrés oxidativo, debido a la reactividad de las EAO, se producen daños en la estructura y función celular. La toxicidad de MP suele incrementar el contenido de Ca dentro de la célula, la Calmodulina, proteína intracelular receptora de Ca^{+2} está asociada al transporte, metabolismo y tolerancia a los MP. Mediante procedimientos moleculares, se ha mostrado la relación del sistema Ca-Calmodulina en la modulación a la tolerancia a MP como Ni y Pb. Fitohormonas como etileno que facilita la degradación de la clorofila, ácido abscisico responsable del cierre de estomas en caso de estrés hídrico y responsable de inhibir el crecimiento vegetal en momentos de crisis, ácido jasmónico o ácido salicílico asociado con el proceso de fotosíntesis y transpiración, se sintetizan como respuesta a la toxicidad de MP en las plantas (Manara, 2012).

2.8 Imágenes IR y estado de salud de especies vegetales

Las técnicas en imágenes se han usado ampliamente en el estudio de especies vegetales, se han evaluado principalmente las interacciones en los espectros: visible (0.39-0.7µm), infrarrojo cercano NIR (0.75-1.2µm), infrarrojo de longitud de onda corta SWIR (1.2-2.4µm), infrarrojo de longitud de onda larga o infrarrojo térmico (8-15 µm).

2.8.1 Imágenes en el espectro Visible

Las imágenes en el espectro visible recrean la percepción visual humana, se basan, principalmente en sensores de luz CCD o CMOS que representan una escena en tres planos de color: rojo, verde y azul (RGB). El espectro visible se ha usado para determinar variaciones en el crecimiento (Arvidsson et al., 2011), color para determinar, por ejemplo, zonas de muerte celular (Barbedo, 2016), morfología en hojas (Hoyos-Villegas et al., 2015), morfología en raíces (Iyer-Pascuzzi et al., 2010). La técnica de imágenes en el espectro visible constituye el método más simple para obtener información fenotípica de la planta como biomasa, área de las hojas, número de hojas, sin embargo, está limitada por condiciones como variaciones en brillo, color, iluminación, sombras, oclusiones, etc.

2.8.2 Imágenes en el espectro Visible-NIR

En el rango del espectro Visible-NIR se ha estudiado la interacción entre la superficie de los tejidos de la planta, principalmente las hojas, y las ondas electromagnéticas, específicamente la reflexión que se produce en la interface. A esta técnica se le denomina Reflectancia Visible-NIR. El principio se basa en que compuestos tóxicos, condiciones ambientales adversas, o algún tipo de estrés, pueden ocasionar alteraciones estructurales en la planta produciendo variaciones en la capacidad de reflejar la luz que incide en la superficie (Chaerle & Van Der Straeten, 2000). En el espectro visible, la reflectancia de los tejidos superficiales de las hojas es baja, debido a la absorción de los pigmentos, especialmente la clorofila, se presenta un pico característico alrededor de los 0.5µm. Ya en el espectro NIR existe un incremento considerable de la reflectancia (entre 0.75 y 1.2 µm), una gran porción de la luz incidente es reflejada por las hojas debido a un proceso de dispersión en el mesófilo de la hoja (tejido vascular interno y parenquimático especializado en realizar fotosíntesis). Después de los 1.2 µm se presenta un proceso de absorción principalmente debido al contenido de agua en las hojas, y por consiguiente la reflectancia disminuye nuevamente. La Figura 5 muestra el espectro de reflectancia general en la planta (Li et al., 2014).

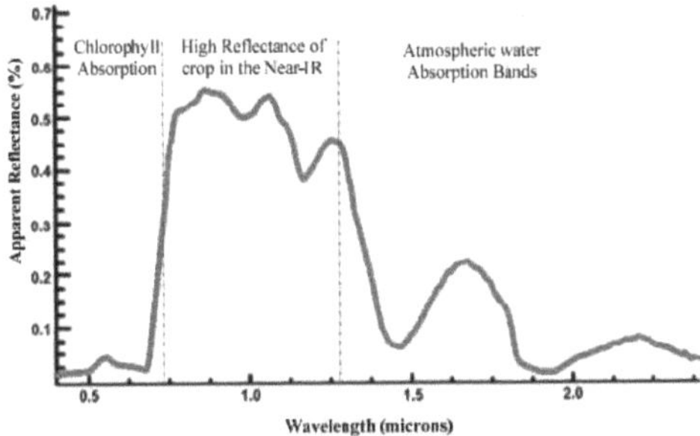

Figura 5. Espectro típico de reflectancia en las plantas. Tomado de Li et al. (2014).

En general, los índices estimados sobre imágenes VIS-NIR son usados como una medida no invasiva para determinar la biomasa activa fotosintéticamente (a través del coeficiente NDVI Normalized Difference Vegetation Index) que es una medida de la salud de las especies vegetales (Sun et al., 2011), el índice NDVI relaciona la reflectancia en el NIR con el Rojo-Visible según la expresión (1). Existen evidencias que muestran que el índice NDVI únicamente presenta diferencias cuando existen daños estructurales graves en el tejido foliar debido a estados avanzados de estrés (Pérez, 2004). Por este motivo, se han realizado esfuerzos para estudiar diversos índices vegetales con el fin de determinar de manera temprana los estados de estrés. La Tabla 4 muestra varios índices de vegetación usados para estimar el estado de salud de especies vegetales.

Tabla 4. Algunos índices espectrales para el estudio del estado de salud de especies vegetales.

Índice	Bandas	Utilidad	Ecuación
$NDVI = \dfrac{R_{800} - R_{680}}{R_{800} + R_{680}}$	680 nm y 800 nm	Se ha usado para determinar el verdor del tejido vegetal, diferenciar vegetación de otro tipo de cobertura. Detección de daños estructurales (Zarco-Tejada et al., 2005; Haboudane et al., 2004).	(1)
$GDVI = \dfrac{R_{780} - R_{550}}{R_{780} + R_{550}}$	550 nm y 780 nm	Se ha usado con éxito para determinar el rendimiento de cultivos, se han encontrado altas correlaciones con IAF, contenido de clorofila y contenido de nitrógeno (Kemerer et al., 2007; Moreno-García et al., 2013; Viña & Gitelson, 2011).	(2)
$VOG1 = \dfrac{R_{740}}{R_{720}}$	720 nm y 740 nm	El índice Vogelmann es sensible al efecto combinado de concentración de clorofila, índice de área foliar y contenido de agua (Zarco-Tejada et al., 2004; Vogelmann et al., 1993).	(3)

Ecuación	Rango	Descripción	
$PRI = \dfrac{R_{531} - R_{570}}{R_{531} + R_{570}}$	531 nm y 570 nm	El índice de reflectancia fotoquímica es una medida sensible a cambios en pigmentos carotenoides (particularmente pigmentos xantófilos) y al estado hídrico de especies vegetales (Gamon et al., 1992; Zarco-Tejada et al., 2013).	(4)
$NDRE = \dfrac{R_{800} - R_{750}}{R_{800} + R_{750}}$	750 nm y 800 nm	Es una variación del índice NDVI que incluye información de la banda *Red Edge*. Ha sido usado exitosamente para determinar el contenido de nitrógeno y biomasa vegetal (Galambosova et al., 2014)	(5)
$Dmax = \max\left(\dfrac{d_R}{d_\lambda}\right)$	700 nm a 750 nm	Es una medida de la pendiente en la región *Red Edge*. Variaciones en este rango están relacionadas con el contenido de clorofila (Filella & Peñuelas, 1994).	(6)

En general, el uso de técnicas de reflectancia y análisis multi-espectral en VIS-NIR, para evaluar tanto el fenotipo de las plantas, como su salud, es muy promisorio. Contar con mejor resolución espectral, en la técnica de espectroscopia con imágenes, abre nuevas posibilidades para extraer características relacionadas con la salud de las plantas y estados de estrés. Sin embargo, esta técnica tiene como limitantes, las grandes cantidades de información que se deben procesar y los costos elevados de cámaras multi-espectrales e hiper-espectrales (Li et al., 2014).

Es común que sea necesario realizar preprocesamiento a las imágenes antes de estimar índices espectrales. Dentro de las etapas de preprocesamiento se encuentran transformaciones geométricas y calibración radiométrica. Las transformaciones geométricas buscan emparejar las imágenes de las distintas bandas espectrales, de tal forma que puedan operarse pixel a pixel. En estas transformaciones se busca que las coordenadas en pixeles *(x,y)* de un punto en la escena coincidan en las imágenes asociadas a las bandas de interés (Arevalo et al., 2004). La calibración radiométrica está asociada a encontrar los valores de reflectancia relacionados con los niveles de radiancia para cada nivel de gris en la imagen espectral.

2.8.2.1 Transformación proyectiva 2D a 2D

Dado un conjunto de puntos en un plano de referencia se busca una correspondencia en un plano objetivo mediante una transformación homográfica, empleando el algoritmo de transformación lineal directa (Hartley & Zisserman, 2004). Considerando los puntos (x_1,y_1), (x_2,y_2), (x_3,y_3), (x_4,y_4) en la imagen o plano de referencia, los puntos (X_1,Y_1), (X_2,Y_2), (X_3,Y_3), (X_4,Y_4) en la imagen o plano objetivo, como se muestra en la Figura 6, es posible encontrar analíticamente una matriz homográfica H_{3x3} que relaciona el plano de referencia y el plano objetivo según la ecuación matricial (8).

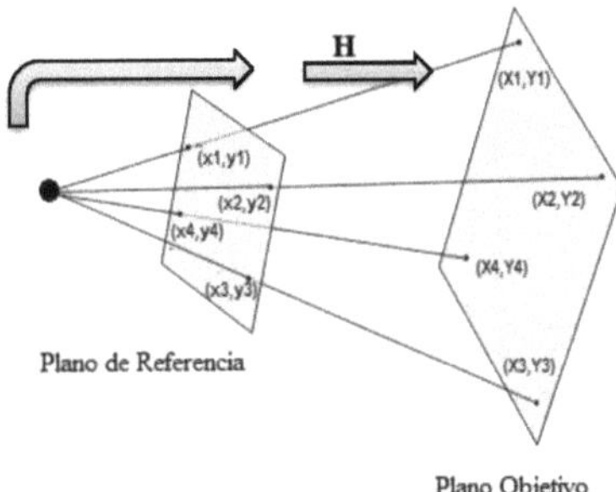

Figura 6. Transformación proyectiva 2D-2D para correspondencia de imágenes multiespectrales.

$$H_{3x3} = \begin{bmatrix} h_{11} & h_{12} & h_{13} \\ h_{21} & h_{22} & h_{23} \\ h_{31} & h_{32} & 1 \end{bmatrix} \tag{7}$$

$$\begin{bmatrix} x_1 & y_1 & 1 & 0 & 0 & 0 & -X_1x_1 & -X_1y_1 \\ 0 & 0 & 0 & x_1 & y_1 & 1 & -Y_1x_1 & -Y_1y_1 \\ x_2 & y_2 & 1 & 0 & 0 & 0 & -X_2x_2 & -X_2y_2 \\ 0 & 0 & 0 & x_2 & y_2 & 1 & -Y_2x_2 & -Y_2y_2 \\ x_3 & y_3 & 1 & 0 & 0 & 0 & -X_3x_3 & -X_3y_3 \\ 0 & 0 & 0 & x_3 & y_3 & 1 & -Y_3x_3 & -Y_3y_3 \\ x_4 & y_4 & 1 & 0 & 0 & 0 & -X_4x_4 & -X_4x_4 \\ 0 & 0 & 0 & x_4 & y_4 & 1 & -Y_4x_4 & -Y_4y_4 \end{bmatrix} \begin{bmatrix} h_{11} \\ h_{12} \\ h_{13} \\ h_{21} \\ h_{22} \\ h_{23} \\ h_{31} \\ h_{32} \end{bmatrix} = \begin{bmatrix} X_1 \\ Y_1 \\ X_2 \\ Y_2 \\ X_3 \\ Y_3 \\ X_4 \\ Y_4 \end{bmatrix} \tag{8}$$

La ecuación (8) muestra que, a partir de 4 puntos en la imagen de referencia y las respectivas coordenadas en la imagen objetivo, es posible encontrar una transformación geométrica que permita mapear la imagen de referencia hacia la imagen objetivo. Esta transformación geométrica permite que las imágenes de las bandas de interés puedan procesarse pixel a pixel.

2.8.2.2 Calibración radiométrica

Debido a que las cámaras espectrales almacenan la información digitalmente, codificando la energía radiante proveniente de los cuerpos en niveles de gris (ND), es necesario realizar la conversión de esos ND a unidades físicas de reflectancia. Para tal fin, es necesario llevar los ND a valores de energía o radiancia, usando la ecuación (9) (Hantson et al., 2011).

$$L_\lambda = ND \times G + B \tag{9}$$

Donde, L_λ es la radiancia espectral para cada banda o longitud de onda de la cámara ($Wm^{-2}sr^{-1}\mu m^{-1}$), G es la ganancia y B el offset. Los parámetros G y B se consideran parámetros intrínsecos del sensor. Si se considera una superficie Lambertiana, la radiancia $L(\lambda)$ a su vez se relaciona con la iluminación $E(\lambda)$ y la reflectancia $R(\lambda)$ a través de la ecuación (10).

$$L(\lambda) = R(\lambda) \times E(\lambda) \qquad (10)$$

No es posible obtener la reflectancia directamente, debido a que la iluminación depende de las condiciones meteorológicas. Existe una alternativa para evitar el uso de la iluminación en la estimación de la reflectancia. Si en el campo de visión del sensor se ubica una superficie Lambertiana cuyas características espectrales sean conocidas, es posible estimar la reflectancia de un objeto de interés usando la expresión (11) (Vigneau et al., 2011).

$$L_{target} = R_{target} \times E$$

$$L_{ref} = R_{ref} \times E$$

$$R_{target} = \frac{L_{target} \times R_{ref}}{L_{ref}} = \frac{(ND_{target} \times G + B) \times R_{ref}}{(ND_{ref} \times G + B)} \qquad (11)$$

Donde, ND_{target} es el valor digital asociado al objeto de interés en la imagen y ND_{ref} es el valor digital asociado a la superficie Lambertiana de referencia. Es común realizar calibraciones adicionales para mitigar los efectos causados por la atmósfera que existe entre el sensor y el objeto de interés, usando el concepto de reflectividad aparente (Hantson et al., 2011).

2.8.3 Imágenes en el espectro infrarrojo térmico (termografías)

En el espectro electromagnético, el rango infrarrojo de longitud de onda larga es conocido también como infrarrojo térmico. La técnica en imágenes en este rango espectral se denomina termografía digital (TD), y permite la estimación de la temperatura de la planta detectando la intensidad de la radiación IR en el rango de (8-15µm). Un software especializado convierte la información de la radiación en ese rango en una imagen que representa la temperatura en un mapa de falso color. La técnica de TD se ha usado para medir de forma indirecta parámetros fisiológicos cómo actividad fotosintética, conductancia estomática, tasa de transpiración (Lima et al., 2016; Yuan et al., 2015).

En los procesos biológicos de las plantas ocurren actividades complejas que conducen a transformaciones energéticas, algunas son: fotosíntesis, transpiración de H_2O, acumulación de agua en los tejidos, transporte de nutrientes, asimilación de CO_2, etc. Las imágenes térmicas constituyen una técnica para evaluar los procesos termodinámicos que ocurren en las plantas. La técnica se basa en la medida de la radiación infrarroja que producen todos los cuerpos, por el hecho de tener una temperatura mayor a 0 K. La longitud de onda asociada a la máxima radiación de un cuerpo depende de su temperatura según la *ley de Wien* (Buzug, 2006). Estas señales electromagnéticas pueden ser captadas por matrices de sensores sensibles en un rango particular del espectro. Los sensores que pueden medir la temperatura de una región del espacio y representar dicha medida en un arreglo 2D de datos se denominan cámaras termográficas. Los procesos biológicos en la planta pueden asociarse a cambios energéticos que la cámara termográfica registra y digitaliza.

En el estudio de especies vegetales, usando termografías, el propósito es encontrar la correlación de medidas térmicas con procesos fisiológicos particulares. Algunas medidas térmicas útiles para evaluar el estado de las plantas son: Maximum Difference of Temperature (MDT), Crop Water Stress Index (CWSI), Conductance Index (IG), etc. Como se muestra en (12) La MDT aplicada al tejido de una planta constituye la diferencia entre la temperatura máxima y mínima del tejido en inspección. El índice CWSI estima el déficit de agua de la planta, y es igual a la relación que se muestra en (3). CWSI es función de la temperatura de la hoja *Tleaf*, la temperatura de referencia seca *Tdry* y la temperatura de referencia húmeda *Twet*. Para valores de *Tleaf* cercanos a *Twet* resultan bajos valores de CWSI, lo cual indica una intensa transpiración. El índice de conductancia se calcula usando (14), y está asociado con la cantidad de agua disponible para la planta y su estado hídrico. IG y la conductancia estomática *gs* se relacionan linealmente si se considera que los parámetros: resistencia a la capa límite de vapor de agua (r_a), la pendiente que relaciona la saturación de presión de vapor de agua con la temperatura (s), constante psicrométrica (γ) y el paralelo de la resistencia al calor y la transferencia radiativa (r_H) en la ecuación (14) son invariantes (Leinonen & Jones, 2004; Jones, 1999).

$$MDT = MaxTemp - MinTemp \tag{12}$$

$$CWSI = \frac{Tleaf - Twet}{Tdry - Twet} \tag{13}$$

$$IG = \frac{Tdry - Tleaf}{Tleaf - Twet} = gs \times \left(r_a + \left(\frac{s}{\gamma}\right) \times r_H\right) \tag{14}$$

Las termografías ofrecen beneficios como alta resolución espacial, permiten obtener información de todas las áreas en la escena simultáneamente en una imagen, las termografías proporcionan un escenario ideal para la estimación de la temperatura con métodos basados en distribución de frecuencia, lo cual permite obtener información más representativa del campo de temperaturas en las hojas. Existen algunas limitaciones, cuando la morfología tridimensional de la especie vegetal es compleja, provocando regiones de oclusión y sombras (Leinonen & Jones, 2004; Mangus et al., 2016).

2.9 Estimación del estado fisiológico de plantas – técnicas convencionales

La estimación del estado fisiológico de las plantas puede realizarse midiendo un conjunto de parámetros que están regulados por la interacción de la planta con el ambiente. Algunos de estos parámetros como: conductancia estomática, potencial hídrico, transpiración, contenido de clorofila, fotosíntesis neta, pueden medirse usando sensores portables. Otros parámetros como: contenido de ABA, AJ, SA, EAO, deben medirse en laboratorio usando procedimientos de mayor cuidado ya que requieren elementos adicionales como: muestras de referencia, preparación de la muestra objetivo, tiempo más prolongados de procesamiento de las muestras, etc. A continuación, se presentan algunos parámetros fisiológicos y los equipos asociados a su medida.

2.9.1 Fluorescencia a la clorofila

Este parámetro se asocia con el estado del desempeño fotosintético a nivel del fotosistema II (PSII). La luz que absorbe la clorofila puede direccionarse en tres caminos: ir al fotosistema II para el proceso de fotosíntesis, ser liberada en forma de calor o ser reemitida en una longitud de onda mayor (fluorescencia). Cuando los electrones excitados por la luz no llegan en su totalidad al primer aceptor de electrones en el PSII (plastoquinona) se produce un aumento en la disipación de luz por calor y en el nivel de fluorescencia. El equipo que mide la fluorescencia es el fluorómetro, es un equipo de contacto no invasivo y permite medir parámetros de desempeño del PSII como: *i)* Fv/Fm que estima el rendimiento cuántico máximo del PSII. *ii)* La desviación no fotoquímica, este valor indica la proporción de luz que está dirigiéndose a la vía de disipación por calor, y puede estar relacionado con la protección del aparato fotosintético o el daño del mismo. La medida se usa en plantas sometidas a condiciones de estrés ya que es proporcional al nivel de estrés. *iii)* El rendimiento cuántico fotoquímico del PSII que indica la proporción de luz absorbida que está siendo dirigida al PSII, a partir de este parámetro se puede calcular la tasa de trasporte de electrones por el PSII (Solarte et al., 2010).

2.9.2 Intercambio de gases (tasa fotosintética, asimilación CO_2, transpiración)

El intercambio de gases está asociado con la medida de fijación de CO_2 de la planta. Se mide, normalmente, con un sistema de actividad fotosintética, que cuenta con una cámara foliar donde se ubica la hoja objeto de medida. El sistema permite medir la tasa de transpiración, la tasa fotosintética, mediante un analizador de gases en el espectro infrarrojo, debido a que el CO_2 absorbe energía IR proporcionalmente a su concentración. El balance entre la perdida de agua y la asimilación de CO_2, se puede establecer mediante el coeficiente WUE que corresponde a la relación entre la tasa fotosintética y la tasa transpiratoria. El equipo de actividad fotosintética permite medir también la conductancia estomática que está asociada a la apertura de estomas en la planta, relacionada con la disponibilidad de agua y el estado hídrico de la planta (Solarte et al., 2010).

2.9.3 Potencial hídrico

Indica la energía con la cual el agua está siendo retenida en un tejido, usualmente se expresa en unidades de presión. Este parámetro se mide usando la cámara de presión de *Schöllander*, el procedimiento de medida es invasivo, debido a que se debe cortar la hoja con peciolo para ser puesta en la cámara de presión. Las medidas más importantes de este parámetro suelen hacerse antes del amanecer, debido a que la perdida de agua es mínima en ese momento, lo cual constituye un buen indicador de estrés hídrico. Otra medida importante es al medio día, debido a que es la hora del día donde la radiación fotosintéticamente activa es mayor (Solarte et al., 2010).

2.9.4 Medida de fitohormona ABA en tejido foliar

La cantidad de fitohormona ABA en un tejido foliar puede medirse usando un *kit* de laboratorio como el Phytodetek ABA (Agdia Inc., Elkhart, EE. UU.). Para ello se debe preparar previamente una solución de extracción, un patrón de ABA, una solución stock de ABA, Buffer TBS y una solución sustrato. Además, se debe preparar la muestra del tejido foliar y seguir un procedimiento estandarizado (Solarte et al., 2010).

3. ANTECEDENTES

Existen diversos estudios donde se evalúa la respuesta fisiológica de especies vegetales en procesos de fitorremediación, la mayoría de ellos se han realizado usando medidas convencionales como: eficiencia fotosintética (Fv/Fm) (Augustynowicz et al., 2010; Kumar et al., 2017), potencial hídrico (ψ), contenido de pigmentos (Madera et al., 2014; Chen et al., 2015; Ghnaya et al., 2009; Chen et al., 2008), contenido de especies reactivas de oxígeno (Tauqeer et al., 2016) y parámetros morfométricos (Mancilla-Leytón et al., 2016). Sin embargo, no existen antecedentes del uso de imágenes en el espectro VIS-IR para el estudio del comportamiento fisiológico de especies vegetales en procesos de remediación de ambientes contaminados. Son conocidos algunos efectos en la respuesta fisiológica de las plantas que causan los contaminantes. En particular, como se mencionó en la sección 2.7.1, el Hg puede ocasionar cambios en el contenido de clorofila, variaciones en el estado hídrico de la planta debido a la disminución en la disponibilidad de agua, daños estructurales a nivel de la membrana celular, baja disponibilidad de nutrientes, disminución de la tasa de fotosíntesis y transpiración. Diversas investigaciones han demostrado que índices espectrales y térmicos pueden correlacionarse con estos parámetros.

Estudios como los realizados por Gómez-Bellot et al. (2015), Egea et al. (2017), Santesteban et al. (2017) y Gonzalez-Dugo et al. (2014) han mostrado que existe correlación entre el estado hídrico de especies vegetales, determinado mediante el potencial hídrico (ψ), e índices térmicos, estimados a partir de imágenes. El estado hídrico de las especies vegetales, está, generalmente, relacionado con la conductancia estomática (*gs*), investigaciones como las realizadas por Jones (1999), Fuentes et al. (2012), Gómez-Bellot et al. (2015), Zarco-Tejada et al. (2013), Egea et al. (2017) y Calderón et al. (2013) muestran correlación lineal entre el índice térmico de conductancia estomática IG y *gs* (coeficiente de determinación r^2 entre 0.69 y 0.92) y correlación no lineal entre el coeficiente de estrés hídrico CWSI y *gs*, (coeficientes de determinación r^2 entre 0.77 y 0.91). En algunos casos, el uso combinado de imágenes en diferentes espectros puede mejorar la precisión en la estimación del estado hídrico de las plantas. Leinonen & Jones (2004) proponen combinar imágenes en el espectro visible y térmico. El espectro visible fue usado para identificar las hojas, zonas de sombra y zonas iluminadas, mientras que las imágenes térmicas se usaron para estimar *gs*. Wang et al. (2016) combinaron la técnica en imágenes visible, NIR con termografías para estimar el estado fisiológico de las plantas, se realizó un modelo de regresión para predecir, a partir de los datos espectrales de las cámaras, las medidas fisiológicas de las hojas *gs, E, A*.

De igual manera que con el infrarrojo de onda larga o infrarrojo térmico, existen estudios donde se encontró relación entre el estado hídrico de especies vegetales y la respuesta espectral en el infrarrojo cercano. Rossini et al. (2013) encontraron correlación entre índices de vegetación tomados de imágenes hiperespectrales (mayor correlación para PRI_{570}) y el contenido relativo de agua en cultivos de maíz. Usando índices espectrales, medidos a partir de imágenes (SR2, NDWI, WI, MSI, WBI y EVI), Ramoelo et al. (2015) estimaron exitosamente el potencial hídrico medido en campo, con coeficientes de determinación r^2 entre 0.57 y 0.75. En la región del espectro *Red Edge*, Kim et al. (2011) obtuvieron correlación mayor a $r^2 = 0.9$ entre el índice de vegetación $NDVI_{750-705}$ y cuatro tratamientos de estrés hídrico en árboles de manzanas en un ambiente de invernadero.

Índices espectrales, han sido empleados ampliamente en la estimación de pigmentos en especies vegetales, particularmente variaciones en el contenido de clorofila que pueden ser ocasionados por diferentes niveles de estrés. Liu et al. (2010) desarrollaron un estimador, basado en redes neuronales (coeficiente de correlación $r^2 = 0.9$), que relaciona índices espectrales (NDVI, MTVI, MCARI, OSAVI) para estimar el contenido de clorofila en cultivos de arroz contaminados por metales pesados. El efecto en el contenido de clorofila debido a la contaminación por arsénico fue estudiado por Li et al. (2015), los autores estimaron índices espectrales que correlacionaron con el contenido de clorofila, encontraron coeficientes de determinación $r^2 = 0.92$. En la especie *Amaranthus blitoides*, Font et al. (2004) lograron predecir niveles bajo, medio y alto de contenido de arsénico en tejido vegetal, usando la respuesta espectral entre 400nm y 2500nm, encontraron la más alta correlación con el contenido de arsénico en la banda 454nm.

Algunos índices térmicos se han correlacionado exitosamente con la actividad fotosintética de especies vegetales. A partir de termografías digitales, Lima et al. (2016) encontraron relación entre el parámetro T_{leaf}-T_{air} con fotosíntesis neta $r^2 = 0.86$ y transpiración $r^2 = 0.64$. En cultivos de arroz, Xue et al. (2016) encontraron coeficientes de determinación de $r^2 = 0.78$ aplicando modelos polinomiales para relacionar las variables de fotosíntesis y temperatura foliar, los modelos mostraron que existen unas temperaturas determinadas en hoja para las cuales existe fotosíntesis máxima. Lin et al. (2012) sugieren que la relación temperatura foliar-fotosíntesis puede afectarse por condiciones climáticas como el déficit de presión de vapor VPD. En la Tabla 5, se presenta un resumen de estudios donde se emplearon las respuestas ópticas en el rango espectral VIS-IR para estudiar el comportamiento fisiológico de algunas especies vegetales.

Tabla 5. Estudios de PF en plantas usando la respuesta óptica de especies vegetales en el rango VIS-IR.

Parámetro Fisiológico	Especie Vegetal	Espectro IR	Índice IR	Principales Conclusiones	Fuente
Ácido Salicílico (SA), Conductancia estomática (gs)	*Tobacco*	Térmico	ΔT (Temperatura de área infectada – Temperatura de área no infectada)	Estudio de estrés hídrico causado por infección viral. Se encuentra relación entre el índice ΔT y los parámetros SA, gs. Aumento en SA se relaciona con disminución de gs y aumento de ΔT. La técnica permite diagnóstico presintomático de la enfermedad.	Chaerle et al. (1999)
Conductancia estomática (gs)	*Vicia faba L*	Térmico	CWSI (Índice de estrés hídrico) IG (Índice de conductancia estomática)	Especies vegetales en déficit hídrico. Se encuentra correlación lineal entre IG y gs. Se encuentra relación no lineal entre CWSI y gs. La técnica permite estimar gs de manera no invasiva	Leinonen & Jones (2004)
Potencial hídrico (ψ) Conductancia estomática (gs) Índice de área foliar (LAI)	*Vitis vinífera cv. Merlot*	Térmico	CWSI (Índice de estrés hídrico)	En 3 niveles de estrés hídrico (leve, moderado, severo). Se encuentra alta correlación entre CWSI (0,91) y gs, y moderada correlación con ψ (valor mínimo 0.66). La correlación baja se explica por la senescencia que se presentó en los tejidos para el último día de registro de datos.	Alchanatis et al. (2007)
Potencial hídrico (ψ) Conductancia estomática (gs) Tasa de transpiración (E) Fotosíntesis neta (A) Índice de área foliar (LAI)	*Chardonnay*	Térmico	CWSI (Índice de estrés hídrico) IG (Índice de conductancia estomática) Tmin (mínima temperatura en la planta) Tmax (máxima temperatura en la planta)	En 3 regímenes de irrigación (control, 30%, 10%) Se calcularon diferencias significativas, correlación y separación de medias entre tratamientos, índices IR, y distribución espacial de índices IR. Se encontraron diferencias significativas de índices térmicos entre los tres tratamientos. Se encontró correlación 0.92 entre IG y gs; y 0.86 entre CWSI y gs. Se encontró relación inversa entre IG, ψ y LAI; y relación directa entre LAI y CWSI.	Fuentes et al. (2012)
Tasa de transpiración (E) Contenido de ácido abscisico (ABA)	*Cucumber*	Térmico	MTD (Máxima diferencia de temperatura) Tleaf (Temperatura de la hoja)	Especie vegetal infectada por patógeno Fusarium oxysporum f sp. Cucumerinum FOC. Se encontró correlación negativa entre Tleaf y E (0.74); y correlación positiva entre Tleaf y ABA (0.54). Las plantas infectadas disminuyeron E y aumentaron el contenido de ABA. La técnica permite detección no invasiva de FOC. Se encontró que los tejidos afectados tenían mayor temperatura en el día y menor en la noche que los tejidos sanos.	Wang et al. (2012)

Parámetro Fisiológico	Especie Vegetal	Espectro IR	Índice IR	Principales Conclusiones	Fuente
Fotosíntesis neta (A) Conductancia estomática (gs) Tasa de transpiración (E)	*Ammopiptanth us mongolicus*	Térmico	Coeficiente de transpiración (hat)	Estado de salud de la especie vegetal respecto a su edad. Se establece un modelo de regresión logarítmico entre hat y A, gs, E. Entre hat y los PF estudiados se encontró correlación negativa significativa ($p<0.01$). La correlación máxima se encontró entre hat y E (0.863), mientras que la mínima correlación se encontró entre hat y A (0.596).	Yuan et al. (2015)
Fotosíntesis neta (A) Conductancia estomática (gs) Tasa de transpiración (E)	*Carica papaya L*	Térmico	Tleaf (Temperatura de la hoja) ΔTleaf-air (Temperatura de la hoja – Temperatura ambiente)	Estrés hídrico en 3 regímenes de irrigación (control, 50% y 0%). Se encontraron correlaciones negativas significativas ($p<0.05$) entre ΔTleaf-air, Tlef y A, gs, E. Usar el índice ΔTleaf mejora la respuesta de la técnica respecto a las variaciones de temperatura del ambiente. ΔTleaf es un índice más amigable, comparado con CWSI, IG, hat, debido a que no necesita referencias de temperatura diferente al ambiente.	Lima et al. (2016)
Índice de estrés (SI)	*Tomato Solanum lycopersicum*	NIR	(HWCI) High Water Content Index	Experimento de estrés hídrico. Se encontró relación entre la respuesta de SI (medido por fluorescencia UV) y el parámetro HWCI. Al iniciar el periodo de estrés SI y HWCI disminuyeron su valor como consecuencia de la baja actividad fotosintética, y la pérdida de agua.	Petrozza et al. (2014)
Potencial hídrico (ψ) Conductancia estomática (gs) Quenching no fotoquímico (NPQ)	*Vitis vini-fera L. cv. Cabernet Sauvignon*	Visible-NIR-SWIR	NVDI (Índice de vegetación de diferencia normalizada NIR) WABI (Índice de balance hídrico SWIR)	Experimento de estrés hídrico. Los índices WABI fueron propuestos por el autor. Se encontraron correlaciones significativas entre ψ (0.89), gs (0.80), NPQ (0.86) y los índices WABI. No se encontró correlación significativa entre NVDI y los PF, debido a que la respuesta en el contenido de agua es más rápida que la respuesta en el contenido de clorofila.	Rapaport et al. (2015)
Potencial hídrico (ψ) Conductancia estomática (gs)	*Euonymus japonica*	Térmico	CWSI (Índice de estrés hídrico) IG (Índice de conductancia estomática) Tc-Ta	Estudio de la respuesta de la especie vegetal ante el estrés por sales. Los más altos coeficientes de determinación fueron: R^2=0.78 entre Tc-Ta y gs, R^2=0.65 entre CWSI y gs, R^2=0.71 IG y gs. Mediante los índices térmicos, se logran diferenciar estados hídricos de los tratamientos asociados a diferentes valores de ψ.	Gómez-Bellot et al. (2015)

Parámetro Fisiológico	Especie Vegetal	Espectro IR	Índice IR	Principales Conclusiones	Fuente
Potencial hídrico (ψ) Conductancia estomática (gs) Tasa de transpiración (E)	*Olivo*	Térmico	CWSI (Índice de estrés hídrico)	Estudio de estés hídrico con tres regímenes de riego (100% de las necesidades de irrigación NI y dos a 45%NI). Se encontraron relaciones entre CWSI y los PF ψ, gs y E, con coeficientes de determinación R^2= 0.71, 0.91 y 0.6 respectivamente.	Egea et al. (2017)
Potencial hídrico (ψ) Conductancia estomática (gs)	*Viñedo*	Térmico	CWSI (Índice de estrés hídrico)	Se logró correlacionar exitosamente el índice térmico CWSI y los parámetros fisiológicos ψ y gs, mediante modelos de aproximación con coeficientes de correlación R^2=0.69 y 0.70. Con la ayuda de imágenes térmicas se generaron mapas de estado hídrico del cultivo.	Santesteban et al. (2017)
Índice de área foliar (LAI) Contenido relativo de agua (RWC)	*Maize*	VIS-NIR	PRI_{570} (índice de reflectancia fotoquímica) $CI_{red-edge}$ (Indice de clorofila en el rojo borde)	Estudio de estrés hídrico en maíz usando imágenes hiperespectrales. El índice espectral PRI_{570} presentó la mayor correlación con el contenido relativo de agua R^2=0.64, fluorescencia a la clorofila R^2=0.76. El índice $CI_{red-edge}$ presentó la mayor correlación con LAI R^2=0.64. El índice PRI_{570} logró detectar déficit hídrico antes de que ocurrieran daños estructurales en el tejido vegetal.	Rossini et al. (2013)
Potencial hídrico (ψ)	-	NIR	MSI (Moisture Stress) NDWI (Normalized Difference Water Index) WI (Water Index) $SR_{1070-1340}$ (Simple Ratio Index)	Estudio del estado hídrico de especies vegetales usando información de reflectancia foliar. Los mayores coeficientes de determinación para el PF ψ se encontraron para los índices $SR_{1070-1340}$ y MSI con R^2=0.75 y R^2=0.69 respectivamente.	Ramoelo et al. (2015)

Parámetro Fisiológico	Especie Vegetal	Espectro IR	Índice IR	Principales Conclusiones	Fuente
Concentración de clorofila	*Oryza sativa*	VIS-NIR	NDVI (Normalized difference) OSAVI (Optimized soil-adjusted) MCARI (Modified chlorophyll absorption ratio) MTVI (Modified triangle)	Estimación del contenido de clorofila en un cultivo de arroz contaminado con metales pesados. A partir de índices espectrales se generó un estimador basado en redes neuronales con arquitectura 4-10-2-1. El coeficiente de correlación entre la concentración de clorofila medida y estimada fue R^2=0.90.	Liu et al. (2010)
Concentración de clorofila	-	NIR	NDVI (Normalized difference) D_x (First derivative) NVI (Normalized vegetation index)	Estudio del contenido de clorofila de especies vegetales en una región contaminada con arsénico en China. El estudio propone un nuevo índice basado en tres bandas del espectro. Los resultados de la investigación muestran que el contenido de clorofila puede predecirse mejor con el índice NVI (R_{640}, R_{732}, R_{752}) con coeficiente de correlación R^2=0.989.	Li et al. (2015)
Contenido de arsénico	*Amaranthus blitoides*	NIR	-	Se desarrolló un predictor del contenido de arsénico en la especie vegetal capaz de determinar tres niveles en el contenido del metal: bajo, medio y alto. El predictor se basa en mínimos cuadraros parciales modificados con la información de reflectancia foliar en el rango 400-2500nm. Se obtuvo, para un conjunto de datos de validación, un coeficiente de determinación de R^2=0.63.	Font et al. (2004)
Fotosíntesis neta (A)	*Oryza sativa*	Térmico	Tleaf	Se evalúo la respuesta en la fotosíntesis de la especie vegetal y la variación en la temperatura foliar, teniendo en cuenta variables ambientales. Se encontraron relaciones entre fotosíntesis y temperatura foliar con coeficientes de determinación entre R^2=0.32 y R^2=0.78. Se mostró que existe una temperatura para la cual la fotosíntesis es máxima, sin embargo, esa temperatura puede estar afectada por variables ambientales.	Xue et al. (2016)

4. OBJETIVOS

4.1 Objetivo General

* Evaluar el comportamiento fisiológico de la especie vegetal *Heliconia Psittacorum* usando la técnica de imágenes IR en el proceso de fito-remediación de agua contaminada con mercurio (Hg).

4.2 Objetivos Específicos

* Evaluar, a escala de laboratorio, las variaciones de parámetros fisiológicos de la especie vegetal *Heliconia Psittacorum* en el proceso de fito-rremediación de agua contaminada con mercurio (Hg).

* Evaluar, a escala de laboratorio, los patrones de imágenes IR de la especie vegetal *Heliconia Psittacorum* en el proceso de fito-rremediación de agua contaminada con mercurio (Hg).

* Establecer la posible existencia de correlaciones entre los parámetros fisiológicos medidos en la especie vegetal *Heliconia Psittacorum* y los índices calculados desde los patrones de imágenes IR.

5. METODOLOGÍA

Este capítulo describe los materiales y métodos, convencionales y remotos, usados para estudiar el comportamiento fisiológico de la especie vegetal *Heliconia Psittacorum* (He), expuesta a contaminación con mercurio (Hg) en un ambiente saturado de agua. El estudio se desarrolló con el apoyo y financiamiento del *CENTRO DE INVESTIGACIÓN EN BIOINFORMÁTICA Y FOTÓNICA* CIBioFi cuyos campos prioritarios son la agro-producción regional, la integridad del medio ambiente, y el bienestar de los ciudadanos del Valle del Cauca, la región pacífica y la nación.

5.1 Localización

La experimentación se llevó a cabo en la estación experimental agrícola de la Universidad del Valle, Santiago de Cali, Colombia (N 3° 22' 22.025'', W 76° 31'46.59''), Figura 7. El experimento se ejecutó en dos etapas: preparación de equipos y aclimatación de unidades experimentales desde 17 de diciembre de 2016 hasta el día 6 de marzo de 2017. Muestreo y toma de datos desde el 7 de marzo hasta 9 de junio de 2017.

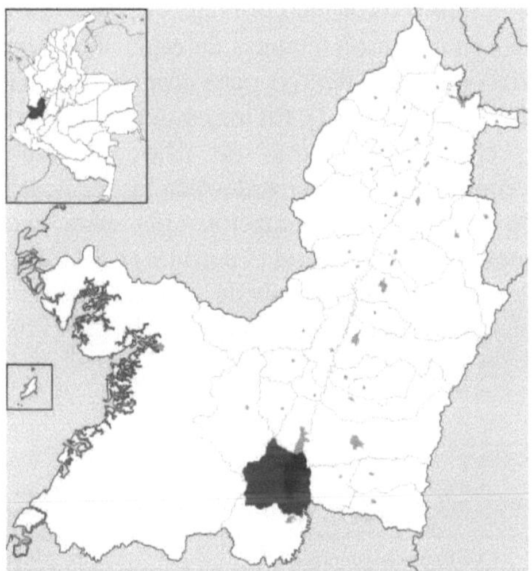

Figura 7. Mapa de localización de la experimentación.

5.2 Diseño experimental

El diseño experimental es completamente al azar con un factor (concentración de mercurio Hg en agua de riego), se establecen dos niveles: 0 µg L^{-1} (control C) y 71.5 µg L^{-1} (Tratamiento T). Se decidió usar la concentración T=71.5 µg L^{-1} reportada en el estudio previo de Madera et al. (2014), como referencia, teniendo en cuenta que fue un estudio realizado con la misma especie vegetal, bajo condiciones ambientales similares. La preparación del agua de riego con Hg se realizó usando diluciones sucesivas de la sal $HgCl_2$ (*Merck ® EC Number 231-299-8, assay 99.5 %*) hasta alcanzar la concentración requerida (Anexo B**¡Error! No se encuentra el origen de la referencia.**). Por otra parte, la concentración elegida es cercana a los valores típicos encontrados en estudios previos de efluentes mineros en el territorio colombiano (Olivero-Verbel et al., 2015; CRC, 2007). La ecuación (11) describe el modelo estadístico lineal asociado al diseño experimental, donde y_{ij} es la observación de la j-ésima unidad experimental UE, del i-ésimo tratamiento, μ_i es la media del i-ésimo tratamiento y e_{ij} el error experimental de la unidad ij (Kuehl, 2001). Se establecieron un total de 14 UE (5 UE para C y 9 para T).

$$y_{ij} = \mu_i + e_{ij} \tag{11}$$

$$r_{x,y} = 1 - \frac{6\sum d^2}{n(n^2-1)} \tag{12}$$

Las respuestas de las UE se estudiaron usando equipos convencionales y técnicas ópticas remotas, así, se establecieron un conjunto de variables de respuesta y_{ij}, ver Tabla 6, sobre las cuales se aplicaron técnicas de estadística descriptiva y análisis de varianzas no paramétrico (*Kruskal-Wallis)* para aceptar o rechazar la hipótesis nula $H_0 = \mu_1 = \mu_2$ (Kruskal & Wallis, 1952). En los casos en los que fue necesario estimar la correlación lineal, entre un conjunto de datos obtenidos con los equipos convencionales y un conjunto de datos obtenidos con las técnicas remotas, se aplicaron pruebas de correlación de *Spearman,* ecuación (12), para obtener coeficientes de correlación lineal. El coeficiente de *Spearman* permite encontrar el nivel de correlación lineal entre dos variables independientemente de su distribución probabilística (Ibañez, 2009). Todas las pruebas estadísticas se realizaron usando el software *MATLAB-2013B* ®.

Tabla 6. Variables de respuesta

Variable	Unidades
Conductancia estomática	mmol m^{-2} s^{-1}
Déficit de presión de vapor	kPa
Tasa fotosintética neta	μmolCO_2 m^{-2} s^{-1}
Eficiencia cuántica fotoquímica	-
Concentración relativa de clorofila SPAD	Unidades SPAD
Temperatura foliar	C
Índice de estrés Hídrico	-
Índice de Conductancia Estomática	-

Variable	Unidades
Índice de vegetación de diferencia normalizada NDVI	-
Índice de vegetación de diferencia normalizada GNDVI	-
Índice de vegetación de diferencia normalizada VOG1	-
Índice de vegetación de diferencia normalizada NRDE	-
Índice de vegetación de diferencia normalizada PRI	-
Máximo de la 1era derivada de reflectancia entre 700nm y 750nm	% nm^{-1}
Concentración de Hg en tejido subterráneo y aéreo de plantas *	mg Kg^{-1}

5.3 Unidades experimentales

Las Unidades experimentales UE son micro-reactores dispuestos en bolsas dentro de materas plásticas que cuentan con un individuo de la especie *He* previa etapa de aclimatación. El sustrato de crecimiento es tierra saturada en agua y fertilizante comercial COSMO-R® con macro y micronutrientes, Tabla 7. En la Figura 8 se muestra la unidad experimental.

Figura 8. Unidad experimental.

5.3.1 Aclimatación de unidades experimentales

Los individuos de la especie vegetal *Heliconia Psittacorum* (*He*) fueron tomados del humedal subsuperficial de flujo horizontal de la planta de tratamiento de agua residual de Ginebra-Valle, Colombia. Se tomaron esquejes de no más de 0.10 m de alto y se plantaron en bolsas con tierra negra y abono orgánico como sustrato. La profundidad de siembra fue de 0.10 m (Jerez, 2007). Todas las *He* se llevaron a la estación experimental agrícola de la Universidad del Valle y se dispusieron bajo polisombra de 30% para su aclimatación. Durante el periodo de aclimatación el sustrato se mantuvo saturado de agua y fertilizado con macro y micronutrientes, la cantidad de fertilizante

---

* Se realizaron medidas de laboratorio de concentración de Hg en los tejidos aéreos y subterráneos al final del periodo de experimentación

utilizado se estimó con base en los requerimientos óptimos de nitrógeno reportados por Sosa (2013). La Tabla 7 muestra los componentes y proporciones del fertilizante empleado.

Tabla 7. Componentes nutritivos de fertilizante.

Componente	Proporción %
Nitrógeno Total (N)	14.0
Nitrógeno Nítrico	0.6
Nitrógeno Ureico	13.4
Fosforo Asimilable (P_2O_5)	8.0
Potasio Soluble en Agua K_2O	19.0
Calcio* (CaO)	4.0
Magnesio* (MgO)	2.0
Azufre Total (S)	7.0
Boro (B)	0.08
Cobre* (Cu)	0.03
Hierro* (Fe)	0.17
Manganeso* (Mn)	0.07
Zinc (Zn)	0.16

*Quelatados con EDTA

Las especies vegetales se mantuvieron bajo polisombra 30% hasta el día 27 de enero, en adelante se expusieron a las condiciones de luz natural típicas de la zona. Se etiquetó una hoja de cada UE la cual fue objeto de estudio a lo largo de la experimentación.

5.4 Equipos y materiales

Los equipos usados se pueden clasificar en 3 grupos: 1. Equipos para medir la respuesta fisiológica de las UE. 2. Equipos para medir la respuesta óptica en el espectro IR de las UE. 3. Equipos de laboratorio y otros. La Tabla 8 muestra la descripción general de los equipos utilizados.

Tabla 8. Equipos utilizados en la experimentación

Equipos para medir la respuesta fisiológica de las UE

Nombre	Descripción
Analizador de gases infrarrojo CI-340 Bio-Science	Analizador de gases infrarrojo que permite medir la respuesta fotosintética de las especies vegetales. El equipo permite estimar variables como: Fotosíntesis neta, conductancia estomática, transpiración, asimilación de CO_2, temperatura foliar, déficit de presión de vapor VPD. El instrumento está configurado para trabajar como un sistema abierto.
Clorofilómetro SPAD 502 Spectrum Technologies	Mide el contenido de clorofila o "verdor" de las plantas usando la diferencia de densidad óptica en las bandas 650nm y 920nm. Las unidades de medidas están normalizadas entre (0, 99.9) y tiene reproducibilidad de ±0.3 Unidades.
Fluorómetro OS-30P Opti Sciences	Equipo que permite medir la fluorescencia a la clorofila de las hojas previa adaptación a la oscuridad. Permite medir la eficiencia del fotosistema II a través de parámetros como fluorescencia mínima Fo, fluorescencia máxima Fm y fluorescencia variable Fv.

Equipos para medir la respuesta óptica en el espectro IR de las UE

Nombre	Descripción
Mini Espectrómetro STS-VIS Ocean Optics	Mini Espectrómetro en el rango espectral entre 350-800nm, con tiempo de integración de 100ms y resolución espectral 1nm. Permite obtener la respuesta de reflectancia espectral del tejido foliar de las UE.
Cámara multiespectral RedEdge MicaSense	Cámara multiespectral con bandas en el rango visible e infrarrojo. El equipo permite realizar capturas en imágenes simultáneas de las bandas: Azul (475nm ± 10), Verde (560nm ± 10), Rojo (668nm ± 5), IR (840nm ± 20) y Red Edge (717nm ± 5).
Cámara térmica FLIRE40	Cámara sensible en el infrarrojo de onda larga o infrarrojo térmico con sensibilidad térmica 0.07°C a 25°C, resolución IR 160x120 pixeles, rango de temperatura -20°C a 650°C.

Equipos de laboratorio y otros

Nombre	Descripción
Refractómetro de dominio temporal TDR (MPM 160)	Permite medir el contenido volumétrico de agua en el suelo en el rango 0 a 100%.
Estación meteorológica Davis Vantage Pro2 Plus	Estación meteorológica con telemetría inalámbrica, cuenta con sensores de humedad relativa, temperatura ambiente, velocidad de viento, dirección de viento, lluvia e intensidad de luz.
pHmetro portable PT-10 Startorius más electrodo PY-P12	Permite medir el pH de una solución mediante electrodo con resolución 0.01 unidades
Conductímetro Thermo Scientific Orion 3-Star plus	Permite medir la conductividad eléctrica de una solución mediante electrodo. Rango de medida 0.000 a 3000 mS cm^{-1} y resolución 0.001 µS cm^{-1}.

En el caso de la cámara térmica FLIRE40 se realizó un experimento previo con el fin de verificar su calibración y correcto funcionamiento, usando el montaje experimental mostrado en la Figura 9. El sistema permite variar la temperatura de una placa cerámica aislada por una cubierta de vidrio, la temperatura se monitorea usando una termocupla Níquel-Cromo que tiene un sistema de acondicionamiento, adquisición y despliegue de información en interface gráfica. La prueba consistió en variar la temperatura del sistema desde 25°C a 46°C al tiempo que se registraron imágenes con la cámara térmica FLIRE40. Posteriormente, se calculó el coeficiente de correlación lineal de *Spearman*, entre los datos de temperatura medidos con la cámara térmica y los medidos con el sensor de temperatura NiCr. Se obtuvo $r_{x,y} = 0.985$, lo cual verifica el correcto funcionamiento de la cámara térmica en el rango estudiado, ver Figura 9C.

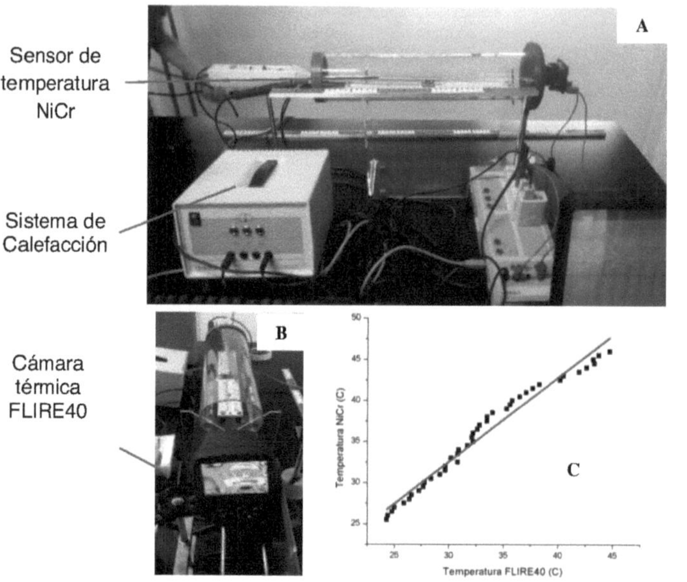

Figura 9. Montaje experimental para verificación de la calibración de la cámara térmica FLIRE40. A. Vista frontal. B. Vista lateral. C. Relación entre temperatura medida con sensor NiCr y cámara FLIRE40.

5.5 Métodos

5.5.1 Medidas de fisiología vegetal

5.5.1.1 Intercambio de gases y fotosíntesis

Intercambio de gases y actividad fotosintética se midieron usando el analizador de gases *IRGA CI-340 Bio-Science*. El equipo se configuró como un sistema abierto (la atmosfera de la recámara de medida se renueva constantemente) (CID Bio-Science, 2011). Procedimiento: Se realizó el calentamiento y preparación del equipo durante 15 min. La toma de entrada de CO_2 se resguardó en un recipiente para evitar fluctuaciones en la concentración del gas. Luego, se realizó la conexión con la recámara de Sílica Gel para eliminar exceso de humedad a la entrada de la recámara. Se tomaron tres medidas con el analizador de gases en una hoja para cada una de las UE. La medida se realizó en la parte central de la hoja. Finalmente se tomó el promedio de las tres medidas para cada uno de los parámetros del equipo.

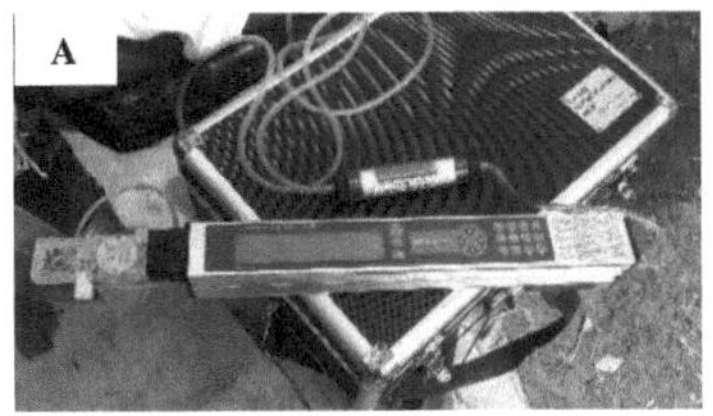

Figura 10. A. IRGA CI-340 configurado como sistema abierto y con aditamento de Silica Gel para deshumidificar la recámara. B. medida en campo con IRGA sobre hoja de referencia de *He*.

5.5.1.2 Contenido de clorofila

Se usó el clorofilómetro *SPAD 502 Spectrum Technologies*, la medida de contenido de clorofila se realizó en una hoja de referencia de cada UE. Procedimiento: Al encender el equipo se realizó la autocalibración (Minolta, 1994). Luego se realizaron tres medidas en la parte media de la hoja de referencia de cada UE, ver Figura 11A. Finalmente, se registró el promedio de los tres datos. Para conseguir una idea más acertada de la relación entre la medida de clorofila SPAD y los índices espectrales de la cámara multiespectral *RedEdge* se realizaron medidas de mapeo en algunas hojas de las UE, para esto se tomaron diez medidas por hoja, cinco medidas a cada lado de la nervadura principal, ver Figura 11B.

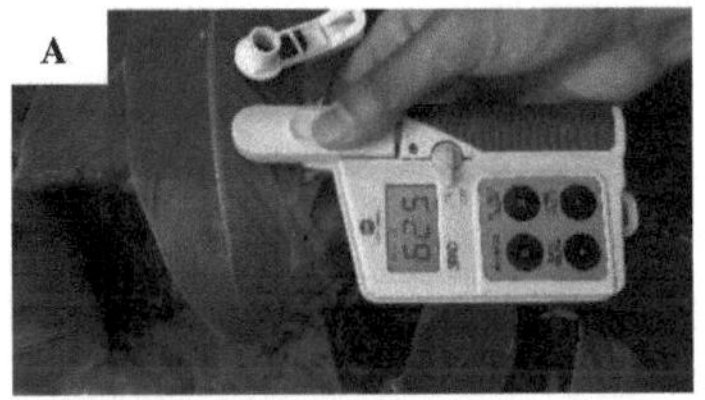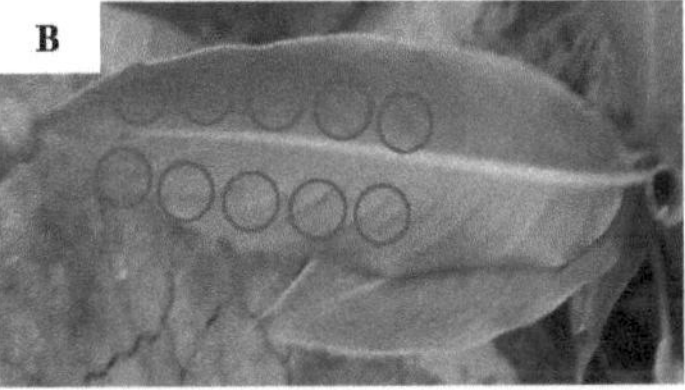

Figura 11. A. Medida de contenido de clorofila usando SPAD 502 sobre la zona media de la hoja a un lado de la nervadura central. B. Mapeo de 10 puntos para correlacionar medidas de clorofila con SPAD e índices de vegetación con cámara multiespectral

5.5.1.3 Fluorescencia a la clorofila

Se tomó usando el fluorómetro *OS-30P Opti-Sciences*. La medida de fluorescencia requiere adaptación a la oscuridad del tejido de la hoja. Procedimiento: Se realizó la adaptación a oscuridad durante 15 minutos antes de realizar la medida de fluorescencia. La muestra se tomó en las hojas de referencia de cada UE. Se realizó la autocalibración del equipo una vez encendido (Opti-Sciences, 2012). Finalmente se registraron las medidas Fo, Fv, Fm y los coeficientes Fv/Fm y Fv/Fo.

Figura 12. A. Adaptación a oscuridad del tejido foliar. B. medida de fluorescencia a la clorofila.

5.5.1.4 Producción de hojas

La pérdida de biomasa e inhibición del crecimiento de las especies vegetales se puede producir cuando existe fitotoxicidad por Hg. Estudios como los realizados por Marrugo-Negrete et al. (2016), Shiyab et al. (2009) y Dirilgen (2011) muestran que puede existir inhibición parcial o total del crecimiento para ciertas dosis de Hg. El número de hojas generadas por planta puede variar con los niveles de concentración de metales pesados como Cd y Pb (Tauqeer et al., 2016). Para determinar si existe diferencia en la producción de hojas entre las UE de control y tratamiento, se realizó el conteo de hojas tres veces durante el proceso de experimentación: al iniciar (día cero), en la mitad del tiempo total de experimentación (día 46) y al final del experimento (día 93).

5.5.1.5 Medida de contenido de Hg en tejido vegetal

Se recolectaron un total de 8 muestras compuestas de tejido aéreo (tallo, ramas, hojas) y subterráneo (raíz) de las 14 UE estudiadas. La recolección se realizó 107 días después del inicio de la prueba. Las plantas fueron cosechadas, lavadas con agua potable y enjuagadas con agua destilada. Posteriormente los tejidos vegetales se secaron a 80°C por 24 horas, luego se cortaron y maceraron siguiendo el protocolo empleado por Madera et al. (2014). A continuación, a 0.5g de cada muestra se le realizó un proceso de digestión agregando 10 mL de HNO_3. La concentración de mercurio en las muestras se determinó mediante la técnica de absorción atómica por vapor frío en un espectrómetro de absorción atómica VARIAN FS240 con generador de hidruros VGA77.

5.5.2 Medidas espectrales-ópticas

5.5.2.1 Índices de vegetación, medida puntual

Se realizó la medida de índices de vegetación usando un *Mini-Espectrómetro STS-VIS Oceanoptics*. Las medidas de reflectancia espectral se realizaron en las hojas de referencia de cada UE usando el software especializado SpectraSuite ® (SS). La medida se realizó usando una fibra óptica QP600-025-SR ubicada aproximadamente a 0.05 m del tejido foliar. La hoja se posicionó horizontalmente para simular una superficie Lambertiana y evitar efectos no deseados debidos a la iluminación solar. La posición horizontal, permite obtener la misma magnitud de radiancia para cualquier ángulo en la fibra óptica (Vigneau et al., 2011). Procedimiento: Se ubicó la fibra óptica sobre el blanco de reflectancia para calibrar la referencia del blanco. Luego se cubrió la fibra óptica, y en total oscuridad se calibró el negro de referencia. A continuación, se ubicó la fibra óptica sobre el tejido foliar y se almacenaron los espectros de reflectancia en archivos planos usando el software SS, posteriormente se aplicó un filtro de media con una ventana de dimensión 10x1 para eliminar componentes de alta frecuencia y ruido. Finalmente se estimaron los índices espectrales NDVI, GNDVI, VOG1, DMAX y PRI, usando un script desarrollado *MATLAB-2013B* ®, ver Figura 13.

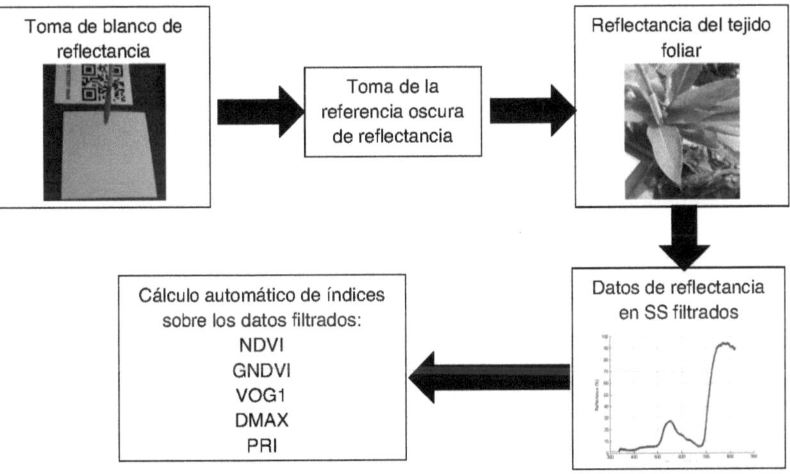

Figura 13. Cálculo de índices espectrales en tejido foliar de *He* usando espectrómetro STS-VIS (300nm – 800nm).

5.5.2.2 Índices de vegetación en imágenes

Se calcularon los índices espectrales NDVI, GNDVI y NDRE usando la cámara *Multiespectral RedEdge Micasense*. Se tomó una foto por UE desde la vista superior, a 1.5 metros del suelo aproximadamente. Procedimiento: Con la cámara a 1.5m por encima del blanco de reflectancia *RedEdge* y 0.5m hacia la derecha, se tomó la imagen de calibración, de tal forma que el plano óptico de la cámara y el plano del blanco de reflectancia sean paralelos. Luego de tomar una foto del panel de reflectancia se realizó la toma de fotos de cada UE conservando la misma disposición entre la cámara y el objetivo. Al terminar la toma de fotos de las UE se tomó nuevamente una foto del panel de reflectancia (Micasense, 2015). Debido a la disposición espacial de cada plano visible e infrarrojo en la cámara, fue necesario realizar una transformación geométrica 2D-2D (transformación homográfica) con el objeto de solapar los planos para luego calcular los índices espectrales. El preprocesamiento de las imágenes también involucró la calibración radiométrica usando el método empírico lineal basado en la radiancia asociada a los niveles digitales ND del blanco de reflectancia (Smith & Milton, 1999). La transformación geométrica, calibración radiométrica y el cálculo de índices espectrales se realizó usando un programa desarrollado en *MATLAB-2013B* ®, ver Figura 14.

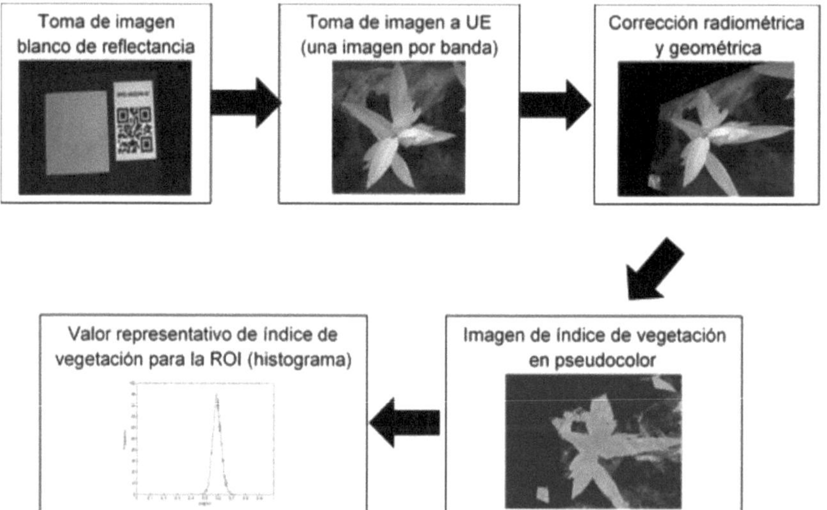

Figura 14. Cálculo de índices espectrales de tejido foliar de *He* usando cámara multiespectral RedEdge.

5.5.2.3 Índices térmicos

Se estimaron usando la cámara Térmica FLIRE40. El cálculo de índices térmicos requiere tomar dos temperaturas de referencia: Temperatura de tejido húmedo *Twet* y temperatura de tejido seco *Tdry*. La temperatura *Tdry* se eligió como Tair+5°C (Mangus et al., 2016; Rud et al., 2014), donde Tair es la temperatura ambiente. Para el tejido húmedo se roció con agua una hoja de una especie vegetal de referencia 30 segundos antes de tomar la imagen termográfica (Fuentes et al., 2012). Procedimiento: Se roció la planta de referencia con agua para establecer la temperatura de tejido húmedo. Treinta segundos después se tomó la termografía desde la vista superior a 2 metros del suelo, aproximadamente. A continuación, se generó un archivo plano .csv con los datos crudos de cada termografía. El archivo plano se cargó en el software *ThermalIndexV1.0* para su procesamiento (Estimación de temperatura de referencia *Twet*, estimación de índices térmicos e imágenes de índices térmicos CWSI e Ig),

Figura 15. Los índices térmicos se calcularon usando las ecuaciones (13) y (14) según los modelos descritos por Leinonen & Jones (2004).

Las medidas de temperatura foliar y *Twet* se estimaron tomando la temperatura asociada al máximo del histograma de la región de las hojas de referencia (Leinonen & Jones, 2004). El procesamiento software se realizó usando el aplicativo *ThermalIndexV1.0*, desarrollado con librerías de procesamiento de imágenes *OpenCV3.2*. Todo el desarrollo se realizó con paquetes *opensource* y multiplataforma.

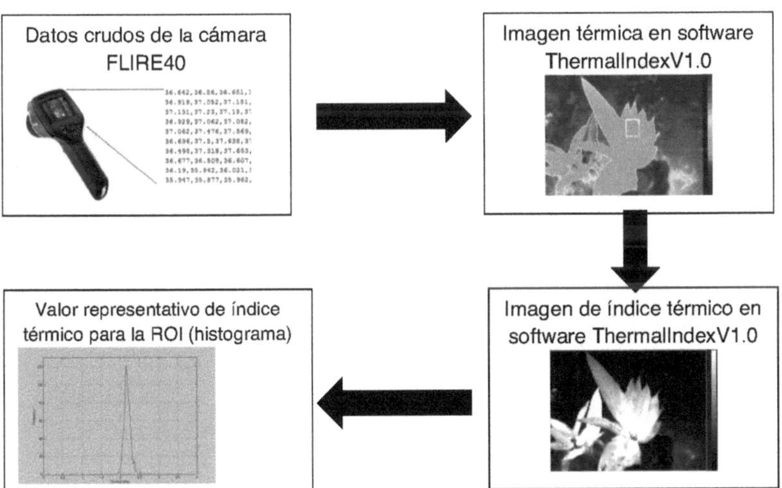

Figura 15. Cálculo de índices térmicos CWSI e IG usando cámara termográfica FLIRE40.

5.5.3.1 Capacidad de campo y saturación del sustrato

Mediante técnica gravimétrica y usando la caja de arena se midió la humedad volumétrica asociada a la capacidad de campo CC (67%) y saturación (77%) del suelo. Procedimiento: Se tomó una muestra del suelo usando anillos de 4.65 cm de diámetro y 5.11 cm de altura, previamente se pesaron los anillos sin suelo. Luego se saturaron los anillos durante 48 horas en la caja de arena y se midió el peso de los anillos con el suelo saturado. A continuación, se drenaron los anillos, en la caja de arena, durante 48 horas y se $_A$) el peso para determinar CC, ver Fi $_B$ 16. Finalmente se sometieron a 105°C durante 24 horas para tomar el peso seco (Jaramillo, 2002).

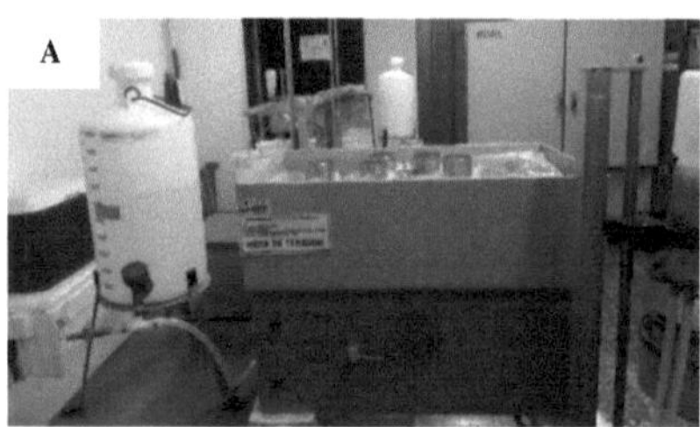
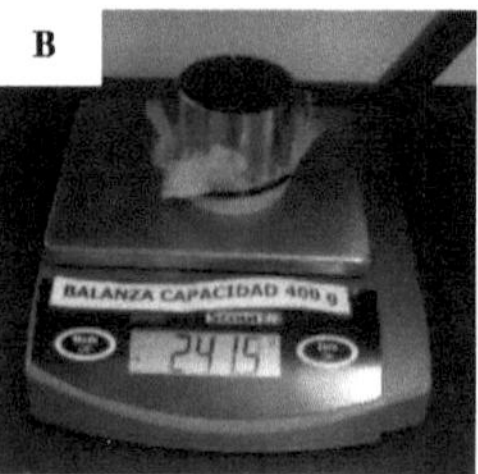

Figura 16. A. Caja de arena usada para la medida de CC y saturación del suelo. B. Anillo usado para toma de la muestra.

5.5.3.2 Contenido de humedad volumétrica del sustrato

La humedad volumétrica del sustrato se midió usando un refractómetro de dominio temporal TDR MPM160. La humedad se ajustó dos veces por semana para mantener a las UE en condición de suelo saturado. Procedimiento: Se introdujeron los electrodos del equipo a 0.10 m, que corresponde a la profundidad efectiva de raíces de las UE (Jerez, 2007). Se tomaron 3 medidas por UE para luego promediarlas. Finalmente, se ajustó la humedad de cada UE para alcanzar la saturación. El Anexo A presenta las fechas de riego, la cantidad de lámina de agua adicionada y la cantidad de Hg agregado a cada UE.

Figura 17. Medida de humedad volumétrica de sustrato para ajustar la humedad a sustrato saturado.

5.5.3.3 Medida de pH y conductividad eléctrica

Se realizaron medidas de pH tanto en el agua de riego como en el sustrato usando un pHmetro portable PT-10 Startorius. Procedimiento para medida de pH en agua de riego: Se tomaron 3 muestras de 50 mL de agua de riego de las UE de control y 3 más de agua de riego de las UE de tratamiento con Hg. Luego las muestras se llevaron directamente al pHmetro y se promediaron las lecturas. Procedimiento para medida de pH en muestras de suelo: Se tomó una muestra de suelo de 70 gr de 3 UE de control y 3 UE de tratamiento con Hg a una profundidad de 0.10 m. Las muestras se depositaron en bandejas de aluminio rotuladas. Luego las muestras se ingresaron al horno programado a 105°C y se secaron durante 24 horas. Usando un mortero se trituraron con la finalidad de destruir los agregados grandes y obtener una mejor uniformidad. A continuación, las muestras trituradas se tamizaron a 2 mm y con ello se eliminaron las impurezas resultantes. Luego se pesaron 30 gr de cada muestra tamizada. Las muestras se depositaron en recipientes de vidrio y se agregaron 30 mL de agua destilada. Luego se agitaron las muestras por un espacio de 2 min, se reposaron 15 min y se agitaron nuevamente. Se repitió el procedimiento transcurridos 30 y 45 min. Luego de transcurridos 60 min se llevaron las muestras al equipo de medición para tomar la lectura (Erazo, 2016). La conductividad eléctrica del agua de riego se midió usando un conductímetro *Thermo Scientific Orion 3-Star plus*. Procedimiento: Se tomaron 3 muestras de 50 mL de agua de riego de las UE de control y 3 más de agua de riego de las UE de tratamiento con Hg. Las muestras se llevaron directamente al equipo donde se registraron las lecturas (Tabla 9).

Tabla 9. Conductividad eléctrica y pH de agua de riego, pH de sustrato.

Control				
Parámetro	**Avg (M1)**	**SD (M1)**	**Avg (M2)**	**SD (M2)**
pH sustrato (pH)	4.78	0.078	4.72	0.118
pH agua de riego (pH)	6.82	0.221	6.74	0.403
Conductividad eléctrica agua de riego (μS cm^{-1})	161.7	21.3	235.2	12.5
Tratamiento				
Parámetro	**Avg (M1)**	**SD (M1)**	**Avg (M2)**	**SD (M2)**
pH sustrato (pH)	4.63	0.045	4.52	0.036
pH agua de riego (pH)	6.75	0.310	6.53	0.279
Conductividad eléctrica agua de riego (μS cm^{-1})	196.2	16.2	157.1	25.2

M1. Medida en la mitad del periodo de experimentación. M2. Medida al final del periodo de experimentación. Avg. Medida promedio. SD. Desviación estándar.

5.5.3.4 Medida de parámetros meteorológicos

Se registró información meteorológica de interés usando una estación meteorológica *Davis Vantage Pro2 Plus*. La estación meteorológica está ubicada en la parcela experimental agrícola donde se realizó la experimentación. Se guardó la información de los sensores de temperatura ambiente y humedad relativa cada hora durante todo el periodo de experimentación usando el software *Davis Weather Link* ®.

6. RESULTADOS Y DISCUSIÓN

Este capítulo describe la respuesta fisiológica, espectral y térmica de la especie vegetal *Heliconia Psittacorum* (*He*), expuesta a contaminación con mercurio (Hg) en un ambiente saturado de agua. Como primera aproximación a las técncias espectrales y térmicas se realizó un estudio preliminar, con la misma especie vegetal, en condición de estrés hídrico. El estudio se desarrolló con el apoyo y financiamiento del *CENTRO DE INVESTIGACIÓN EN BIOINFORMÁTICA Y FOTÓNICA* CIBioFi cuyos campos prioritarios son la agro-producción regional, la integridad del medio ambiente, y el bienestar de los ciudadanos del Valle del Cauca, la región pacífica y la nación.

6.1 Respuesta fisiológica de la especie *Heliconia Psittacorum* ante estrés por mercurio

6.1.1 Contenido de clorofila

La variación del contenido promedio de clorofila en el tiempo para el grupo de tratamiento con Hg disminuyó y presentó diferencias significativas (p<0.1) desde la hora 744 después del inicio de la exposición al MP; se realizó el tratamiento estadístico en 8 instantes de tiempo: 0h, 168h, 576h, 744h, 1200h, 1536h, 1896h y 2280h (Tabla 10). La mejor diferenciación entre los grupos se obtuvo alrededor de la hora 1200 (Figura 18).

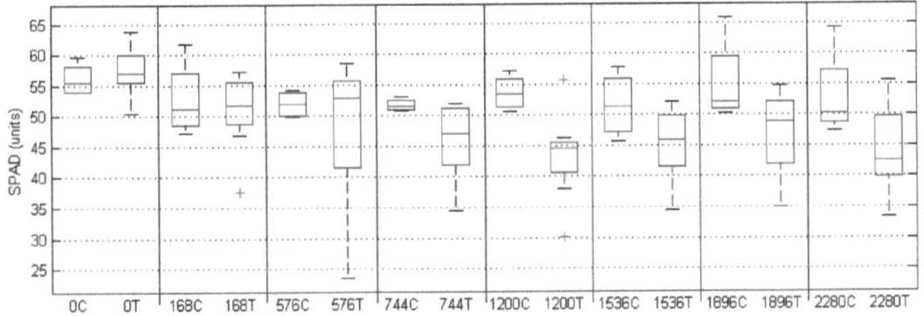

Figura 18. Diagrama de cajas y alambres para 8 instantes de tiempo durante el proceso de experimentación.

Tabla 10. Variación de p—valor en análisis de varianzas entre grupos de control y tratamiento con Hg para la variable contenido de clorofila SPAD en 8 instantes de tiempo durante el periodo de experimentación.

Tiempo (horas)	0	168	576	744	1200	1536	1896	2280
p-valor	0.573	0.624	0.462	0.077*	0.0146**	0.0925*	0.076*	0.069*

* Diferencias significativas con p<0.1. ** Diferencias significativas con p<0.05.

Por otra parte, el contenido de clorofila para el grupo de control se mantuvo en un rango de valores constante, ver Figura 19. El valor SPAD promedio para el grupo de control al iniciar y finalizar la experimentación fue 56.1 unidades y 53.0 unidades respectivamente, mientras que para el grupo de tratamiento el valor promedio SPAD al iniciar y finalizar la experimentación fue 57.4 y 44.2 respectivamente. Resultados similares reportaron Madera et al. (2014) donde encontraron que los grupos de control tuvieron mayor concentración de clorofila que los grupos de tratamiento con Hg T1 (60.4 μg L^{-1}) y T2 (71.56 μg L^{-1}).

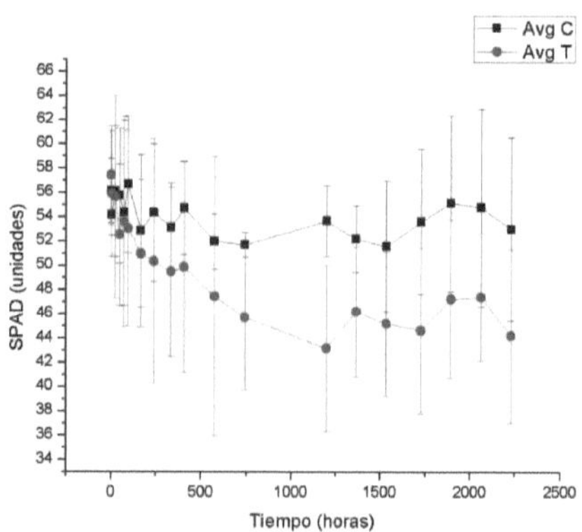

Figura 19. Variación promedio del contenido de clorofila en el tiempo para grupos de control y tratamiento con Hg.

Los resultados obtenidos sugieren que las diferencias en el contenido de clorofila en los grupos de tratamiento se deben a la inhibición en la producción del pigmento que causa la intoxicación por Hg (Solarte et al., 2010). Generalmente, el contenido de pigmentos disminuye en exposiciones del MP duraderas afectando los canales fotosintéticos de transporte de electrones (Patra et al., 2004). En las hojas el Hg produce graves daños en los cloroplastos y las mitocondrias (Posada & Arroyave, 2017). Como otros MP, el Hg inhibe la biosíntesis de clorofila y particularmente del ácido δ-aminolevulínico deshidrogenasa y la protoclorofila reductasa, enzimas que participan en la síntesis de clorofila, disminuyendo la producción total de clorofila a y b (Casierra-Posada & Poveda, 2005; Prasad, 1998; Wettstein et al., 1995).

Las plantas expuestas a Hg presentaron clorosis debido a la deficiencia en la síntesis de clorofila. La Figura 20 muestra una hoja clorótica del grupo de tratamiento con Hg y una hoja del grupo de control. Visualmente, este evento se manifiesta por la pérdida de color verde y corrimiento hacia un amarillo tenue en algunas zonas de las hojas. El coeficiente de variación para el contenido de clorofila fue mayor para el grupo de tratamiento (Tabla 11), lo cual muestra el efecto de la clorosis no uniforme en el tejido foliar.

Tabla 11. Coeficiente de variación de variable Contenido de Clorofila SPAD para grupos de control y tratamiento con Hg.

Grupos	Coeficiente de variación Cv (%)
Tratamiento	8.7
Control	2.9

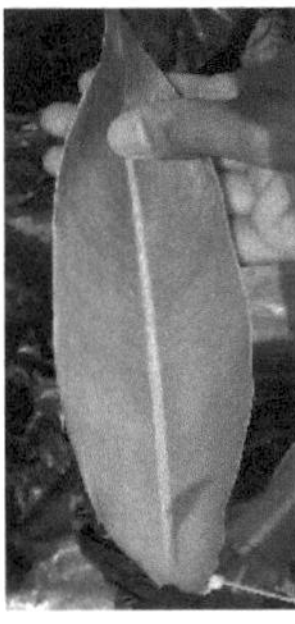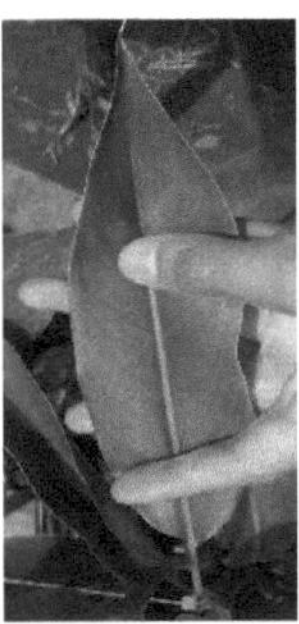

Figura 20. Izquierda, hoja clorótica del grupo de tratamiento. Derecha, hoja del grupo de control.

6.1.2 Intercambio de gases

6.1.2.1 Tasa fotosintética

No se encontraron diferencias significativas entre el grupo de control y tratamiento al realizar pruebas estadísticas para los valores de fotosíntesis en cada uno de los días de experimentación, sin embargo, este efecto puede deberse a que la radiación fotosintéticamente activa PAR en el periodo de medición fue muy variable, el rango de PAR en un día típico de medida puede variar, según los datos experimentales, desde 40 hasta 1900 µmol m^{-2} s^{-1} de fotones, lo cual puede ocasionar que un mismo individuo tenga asociado un amplio rango de tasas fotosintéticas. Por otra parte, es posible que la dosis de Hg no haya sido suficiente para bloquear los efectos en las variaciones de la radiación PAR. Marrugo-Negrete et al. (2016) encontraron disminuciones en la tasa fotosintética por debajo de 2 µmol m^{-2} s^{-1} para dosis 250 veces mayores a las utilizadas en este estudio.

Con el fin de incluir en el análisis el rango completo de radiación PAR presente en todas las jornadas de medida, se eligió como parámetro, para evaluar la respuesta fotosintética de las UE, el máximo valor de fotosíntesis durante todo el periodo de experimentación de cada UE. La Tabla 12 muestra los valores de máxima y mínima fotosíntesis de cada individuo en estudio.

Tabla 12. Fotosíntesis máxima y mínima asociada a cada unidad experimental UE en todo el tiempo de experimentación

UE	Fotosíntesis Max μmol m^{-2} s^{-1}	PAR μmol m^{-2} s^{-1}	Fotosíntesis Min μmol m^{-2} s^{-1}	PAR μmol m^{-2} s^{-1}
C1	26.04	949.8	3.36	1722.4
C2	15.68	484.5	2.3	528.5
C3	17.9	652.3	0.77	100.2
C4[†]	14.08	701	2.42	901.7
C5	18.2	912	0.75	565.2
T1	12.37	733.6	0.96	52.8
T2	11.42	1712.8	1.09	1649.1
T3	11.4	723.3	-0.01 (13:23)	50.6
T4	13.64	650.7	0.98	45.2
T5	14.9	650.9	2.36	504.2
T6	13.48	599.5	1.79	460.6
T7	10.29	649.2	-0.8 (11:26)	531.6
T8	14.04	665.7	-0.24 (11:06)	757.5
T9	9.55	620.8	-2.82 (15:31)	706.6

UE T3, T7, T8 y T9 presentaron al menos un valor de fotosíntesis negativa (respiración)

La actividad fotosintética puede llegar a ser una variable sensible ante la toxicidad por la presencia de Hg, disminuyendo, generalmente, ante la presencia del metal. El efecto en la disminución en la actividad fotosintética puede deberse a la regulación en la síntesis de algunas proteínas que resultan modificadas por la toxicidad por Hg (Mustafa & Komatsu, 2016). De acuerdo con Cheng et al. (2017) la tasa fotosintética puede ser un indicador temporal de la toxicidad por MP, ya que altos niveles de MP redujeron la tasa fotosintética de la especie *Kandelia obovata* únicamente en los 15 primeros días de experimentación, luego de este tiempo no se presentaron cambios consistentes. En el presente estudio se encontraron diferencias significativas para la variable fotosíntesis máxima entre el grupo de control y tratamiento (p=0.0015, p<0.05), ver Figura 21. Las UE de tratamiento no lograron alcanzar tasas fotosintéticas mayores a 15 μmol m^{-2} s^{-1} aún con radiaciones mayores a 1000 μmol m^{-2} s^{-1}, mientras que el promedio de tasa fotosintética máxima para el grupo de control fue 19.45 μmol m^{-2} s^{-1}. Aun cuando la máxima tasa fotosintética la presentó el grupo de control, las UE de tratamiento continuaron realizando fotosíntesis a lo largo de todo el experimento. En las horas establecidas para medir la fotosíntesis en el experimento (entre 10 a.m. y 12 m) cuatro de las nueve UE de tratamiento presentaron, al menos una vez, respiración o tasa

---

[†] La unidad experimental C4 no se incluyó en el análisis estadístico, se consideró como una unidad experimental atípica debido a que estuvo infectada por una bacteria al inicio de la experimentación.

fotosintética negativa, lo cual sugiere el cierre de estomas que puede estar asociado a efectos de estrés por intoxicación con Hg.

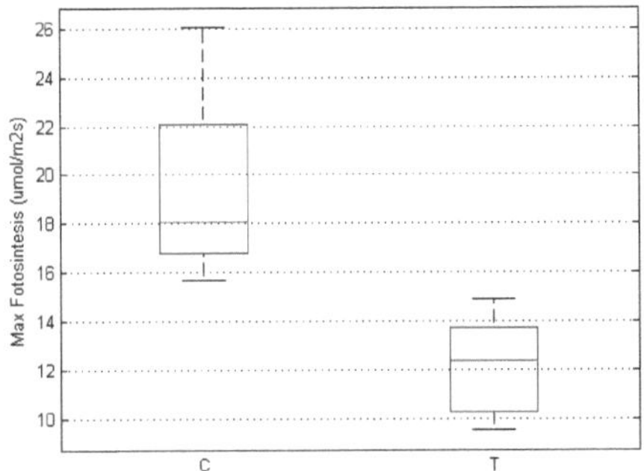

Figura 21. Diagrama de cajas y alambres para variable Máxima fotosíntesis de los grupos control (C) y tratamiento (T).

6.1.2.2 Asimilación de CO_2

La fijación de CO_2 está estrechamente relacionada con la tasa fotosintética, altas cantidades de fijación de CO_2 significan mayores tasas fotosintéticas. En este experimento se eligió como variable de respuesta el valor promedio de fijación de CO_2 (ppm) entre todas las medidas realizadas en el proceso de experimentación (18 medidas por cada individuo). Se encontraron diferencias significativas respecto al valor medio de fijación de CO_2 entre el grupo de control y tratamiento ($p<0.1$) (Figura 22).

Tabla 13. Valor medio de fijación de CO_2 para grupos de control y tratamiento durante todo el proceso de experimentación.

Grupos	Valor medio de fijación de CO_2 (ppm)
Tratamiento	24.50
Control	27.85

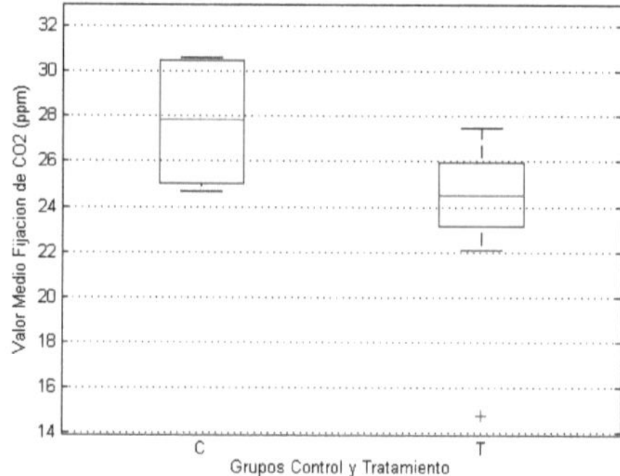

Figura 22. Diagrama de cajas y alambres para valor medio de fijación de CO_2 entre grupos de control (C) y tratamiento (T).

Los resultados muestran que, en promedio, el grupo de control tuvo mayor actividad fotosintética y logró fijar más CO_2 que el grupo de tratamiento con Hg (Tabla 13). Los efectos del Hg pueden inhibir los procesos fotosintéticos, y por tanto la capacidad de fijación de CO_2, algunas de las consecuencias de la toxicidad son: afectación de los canales de transporte de electrones, deficiencia en la síntesis de pigmentos y deterioro de los canales hídricos en la membrana celular (Patra et al., 2004).

6.1.2.3 Conductancia estomática y tasa fotosintética

Se encontró correlación positiva entre la tasa de fotosíntesis *An* y la conductancia estomática *gs* tanto para las UE de control como de tratamiento ($r^2_{x,y}$=0.78 tratamiento, $r^2_{x,y}$=0.62 control) ante un ajuste exponencial, 62% y 78% de la variación en *An* es atribuible a variaciones en *gs*, lo cual sugiere que las limitaciones en *An* no fueron únicamente por vía estomática. El aumento en la conductancia estomática hasta, aproximadamente, 300 mmol m^{-2} s^{-1} está asociado a un aumento gradual en la tasa fotosintética, los resultados muestran que, para valores superiores de conductancia estomática la tasa fotosintética no aumenta significativamente. Los resultados mostraron que la conductancia estomática limita la tasa fotosintética (Figura 23). Silva et al. (2017) encontraron resultados similares en la especie *Eucalyptus sp* en un estudio sobre estrés hídrico.

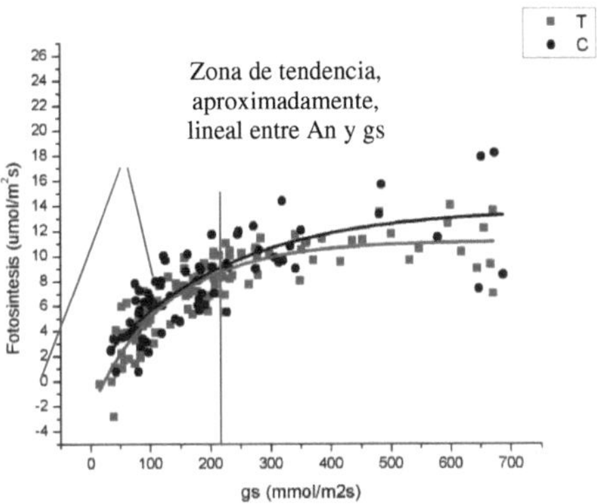

Figura 23. Relación entre tasa fotosintética y conductancia estomática para grupos de control (C) y tratamiento (T).

Relaciones similares entre *An* y *gs* han sido reportadas para varias especies vegetales, los resultados evidencian que la relación entre *An* y *gs* depende de cada especie (Flexas et al., 2013; Herrera et al., 2008; Singh & Reddy, 2011). Los resultados aquí presentados sugieren una relación lineal para valores de fotosíntesis menores a 8 µmol $m^{-2} s^{-1}$, en este rango, (Fernández, 2006) encontró correlación lineal entre las variables *An* y *gs*.

6.1.2.4 Conductancia estomática y déficit de presión de vapor

Los resultados muestran relación inversa entre la conductancia estomática y el déficit de presión de vapor VPD (Figura 24). El VPD constituye un parámetro fundamental en el desarrollo óptimo de las especies vegetales, se refiere a la diferencia entre la presión de vapor en la hoja y la presión de vapor en el aire, si el VPD es alto la presión de vapor en la hoja es mayor y se favorece la liberación de agua en forma de vapor a través de los estomas (Streck, 2003). Existe una aproximación de VPD que usa la presión de vapor del aire actual y en saturación, sin embargo, esta aproximación es válida cuando la temperatura foliar es cercana a la temperatura ambiente (Gates et al., 1998). El rango óptimo de VPD en invernaderos está entre 0.45kPa y 1.25 kPa, idealmente alrededor de 0.85kPa. Es necesario un valor de VPD intermedio debido a que, un VPD alto causa que las plantas cierren sus estomas para evitar pérdida de agua a costa de reducción en la fotosíntesis y en casos extremos puede causar senescencia, por otra parte, un VPD bajo puede provocar un desbalance entre la transpiración y la captación de agua en la planta produciendo estrés hídrico (Tesfuhuney et al., 2016).

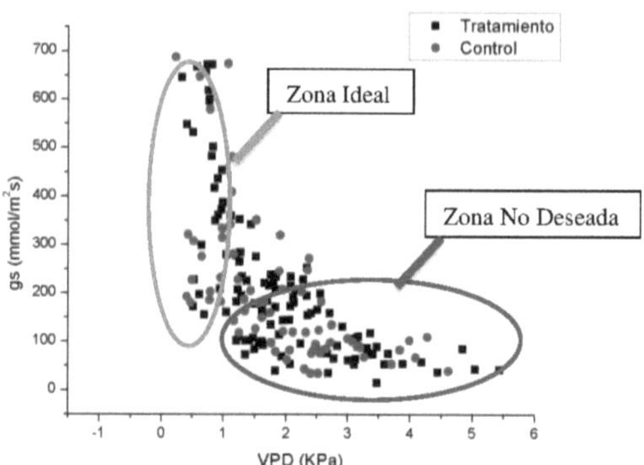

Figura 24. Relación entre conductancia estomática de la especie *Heliconia Psittacorum* y el déficit de presión de vapor.

Los resultados muestran que los valores más altos de conductancia estomática se obtuvieron para VPD bajos, los datos obtenidos concuerdan con el modelo teórico que relaciona las variables VPD y *gs* presentado por Nikinmaa et al. (2013) y Duursma et al. (2014). Para la *He* y en las condiciones experimentales descritas, cuando el VPD es superior a 2 kPa la conductancia estomática disminuye drásticamente. Es posible identificar una zona ideal de alta conductancia estomática entre valores de VPD de 0.5 y 1.5 kPa. En la Figura 24 existe una dispersión mayor en la parte central de la curva, este efecto puede estar asociado a que se presenta un comportamiento de histéresis en la relación VPD y *gs*, es decir, los valores de *gs* pueden ser ligeramente mayores o menores si el VPD es creciente o decreciente (Nikinmaa et al., 2013).

En los procesos de fitorremediación una variable fundamental es la generación de biomasa, que, a su vez, estará limitada por la generación de azúcares en los procesos fotosintéticos. Una apropiada selección de especies involucra alta producción de biomasa (Wang et al., 2017). Es decir, una especie vegetal fitorremediadora que presente inhibición en los procesos fotosintéticos puede perder eficiencia en la eliminación de contaminantes. La relación VPD y *gs* muestra una zona no deseada donde la conductancia estomática disminuye debido al aumento de VPD, a su vez, como se presenta en la Figura 23, disminución en *gs* está asociada a disminución en *An*. Por lo tanto, un aumento en VPD provocará una disminución en *An*. Se puede concluir, con los resultados de este estudio, que mantener valores de VPD en rangos óptimos puede favorecer los procesos fotosintéticos de las especies vegetales y con esto, seguramente, mejorar los niveles de reducción de contaminantes en los procesos de fitorremediación.

6.1.3 Producción de hojas

Para determinar si existe diferencia en la producción de hojas entre grupos de control y tratamiento, se realizó el conteo de hojas tres veces durante el proceso de experimentación: al iniciar (día cero), en la mitad del tiempo total de experimentación (día 46) y al final del experimento (día 93). Los resultados muestran que la producción de hojas del grupo de control (20 hojas promedio por UE día 0 a 46, 10 hojas promedio por UE día 46 a 93) fue mayor que la del grupo de tratamiento (5 hojas promedio por UE día 0 a 46, 2 hojas promedio por UE día 46 a 93) para los dos periodos de tiempo (Figura 25). Se encontraron diferencias significativas en la producción de hojas en los dos casos entre el grupo de control y tratamiento ($p < 0.05$). Algunas UE del grupo de tratamiento con Hg presentaron inhibición parcial en la producción de hojas en la segunda mitad del experimento (T1, T2, T6, T8 y T9), otras UE presentaron inhibición total (T3, T4, T5 y T7) (Figura 26).

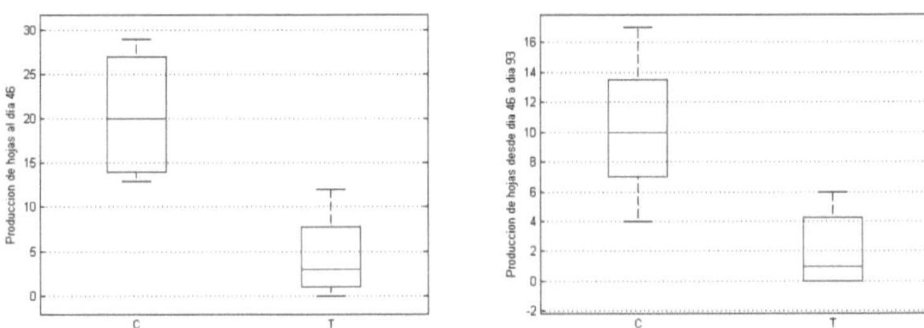

Figura 25. Diagrama de cajas y alambres para la producción de hojas. Izquierda, producción de hojas día cero al día 46. Derecha, producción de hojas día 46 al día 93, para grupo de control (C) y tratamiento (T).

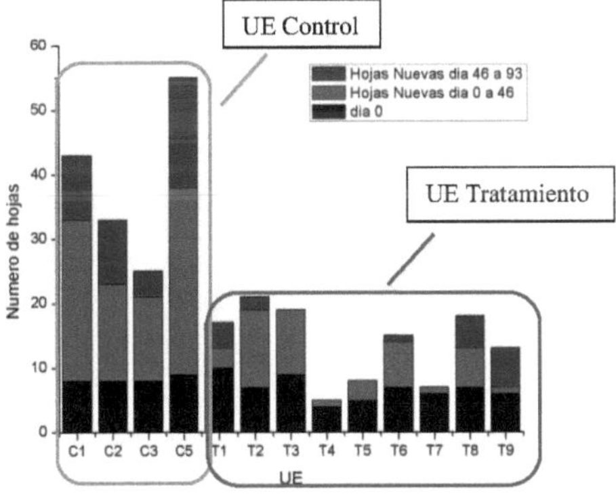

Figura 26. Producción de hojas de las UE en estudio (C1 a C4 grupo de control, T1 a T9 grupo de tratamiento).

La inhibición en el crecimiento de las especies vegetales se puede producir cuando existe fitotoxicidad por Hg. Estudios como los realizados por Marrugo-Negrete et al. (2016), Shiyab et al. (2009) y Dirilgen (2011) muestran que puede existir inhibición parcial o total en la generación de biomasa para ciertas dosis de Hg. El estudio realizado por Tauqeer et al. (2016) muestra que el número de hojas generadas por la especie *Alternanthera bettzickiana* varió con los niveles de concentración de los MP, sin embargo, además, encontraron mayor producción de hojas para mayores concentraciones de los metales Cd y Pb.

Los resultados aquí reportados sugieren que la inhibición en la producción de hojas en el grupo de tratamiento se debe a la fitotoxicidad por Hg. El efecto puede ser causado debido a varias alteraciones en el metabolismo que causan inhibición en la captación de agua y nutrientes, alteración del funcionamiento de las membranas, inhibición en la actividad enzimática, inhibición en la división celular y muerte celular (Cárdenas-Hernández et al., 2009). A pesar de la inhibición en la producción de hojas en el grupo de tratamiento con Hg, todas las UE presentaron producción de hojas ($\approx$7 hojas por UE), esto muestra que la especie *He* puede generar biomasa fotosintéticamente activa (potencialmente acumuladora de Hg) aún en las condiciones de estrés por Hg con concentraciones en el rango de efluentes mineros o lixiviados provenientes de rellenos sanitarios (CRC, 2007; Madera et al., 2014).

6.1.4 Eficiencia cuántica fotoquímica Fv/Fm

En las medidas de Fluorescencia a la clorofila, se usó el parámetro Fv/Fm (Eficiencia cuántica fotoquímica máxima) como indicador de estrés en las UE. Se encontraron diferencias significativas en los tiempos t=96 horas y t=168 horas entre el grupo de control (CV de inicio a fin del experimento 7.1%) y tratamiento (CV de inicio a fin del experimento 10.2%) ($p<0.1$) (Tabla 14).

Tabla 14. p-valor asociado a análisis de varianzas para el parámetro Fv/Fm, eficiencia fotoquímica máxima, entre grupo de control y tratamiento.

Tiempo (horas)	0	48	96	168	576	744	1200	1536	1896	2280
p-valor	0.118	0.222	0.094*	0.074*	0.621	0.899	0.964	0.487	0.213	0.47

* Diferencias significativas $p<0.1$.

La respuesta transitoria que presentan los resultados entre el día 4 (hora 96) y día 7 (hora 168) puede deberse a un efecto de alarma en las primeras horas después del inicio de la experimentación donde se indujo estrés en las UE. En la fase de alarma, las plantas disminuyeron sus actividades biológicas básicas (la eficiencia promedio del fotosistema II del grupo de tratamiento disminuyó a 0.53), en tanto se presentó el factor de estrés (toxicidad por Hg). Luego, es posible que se activaran los mecanismos necesarios para hacer frente al estrés, como resultado, las UE pasaron a la fase de resistencia, en donde se produjo una acomodación del metabolismo para las nuevas condiciones, los cambios les permitieron alcanzar un nuevo estado fisiológico óptimo para las nuevas condiciones, hecho que se refleja en la recuperación de la eficiencia del fotosistema II (Tadeo, 2000). Al finalizar la experimentación, el valor medio de la eficiencia cuántica fotoquímica fue 0.74 (CV=3.5%) para el grupo de control y 0.73 (CV=4.5%) para el grupo de tratamiento (Figura 27).

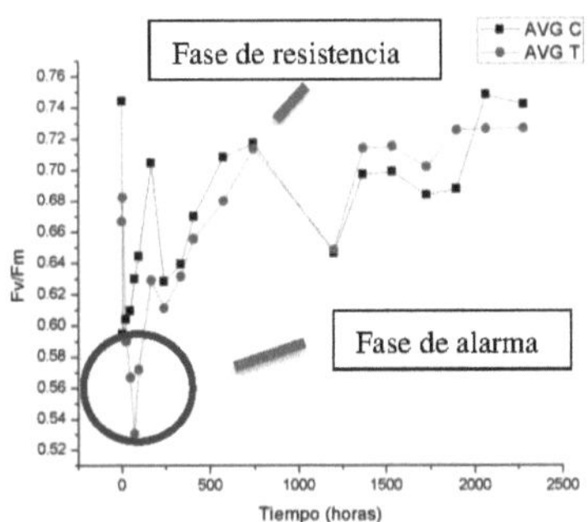

Figura 27. Variación de la eficiencia fotosintética promedio en el tiempo para UE de control y tratamiento con Hg.

Los resultados sugieren que el efecto de la disminución de la eficiencia cuántica del fotosistema II fue causada por la toxicidad debida a la presencia de Hg. Es conocida la capacidad del ion Hg^{+2} de atenuar la disipación de energía luminosa por la vía fotoquímica incrementando los efectos de la fluorescencia (Kumar et al., 2014). Este estudio muestra que el efecto de la toxicidad del Hg en el grupo de tratamiento, para la especie *He*, es significativamente diferente al grupo de control desde el día 4 después del inicio de la exposición al metal. (Kuzminov et al., 2013) presentaron resultados similares para la especie *Symbiodinium* sp. La toxicidad por Cd y Cu presentó diferencias significativas al día 3, mientras que para Pb y Zn diferencias significativas se encontraron al día 5.

6.1.5 Acumulación de Hg en *Heliconia Psittacorum*

La especie vegetal *He* mostró una buena capacidad de retención de Hg, la Figura 28 muestra la acumulación de las plantas en tejido aéreo y subterráneo al final de la experimentación. Las UE de control no presentaron concentración de Hg en sus tejidos, las medidas sobre el grupo de control estuvieron por debajo del límite de detección del equipo. La cantidad de Hg en tejido aéreo (tallos y hojas) para el grupo de tratamiento fue 1.98 mgKg⁻¹ y 2.97 mgKg⁻¹, en tejido subterráneo se encontró acumulación 1.98 mgKg⁻¹ y 2.96 mgKg⁻¹. La cantidad de Hg retenido por las plantas muestran que la especie no es hiperacumuladora (Marrero-Coto et al., 2012), sin embargo, la *He* es significativamente acumuladora y presenta niveles de acumulación del metal similares a otras especies estudiadas. La concentración de Hg en *Cecropia peltata* fue 4.22 mgKg^{-1}, siendo mayor en raíz que en tallos y hojas (Vidal Durango et al., 2010). La especie *Rumex Induratus* acumuló 8.3 mgKg^{-1} y 7.3 mgKg^{-1} en raíces y hojas respectivamente, la especie mostró capacidad de translocar el metal hacia el tejido aéreo (Moreno-Jiménez et al., 2006). La máxima concentración de Hg en raíces para la especie *Jatropha curcas* fue 6.67 mgKg^{-1}, mientras que hacia las hojas translocó 0.44 mgKg^{-1}, durante cuatro meses de exposición a una carga de 100μg Hg por gramo de suelo (Marrugo-Negrete et al., 2015).

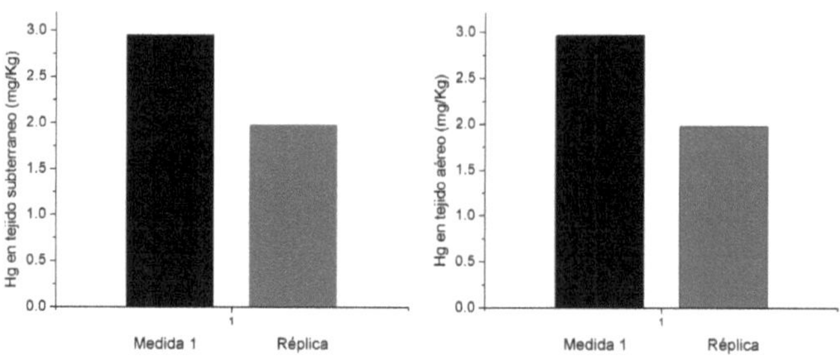

Figura 28. Análisis y réplica de contenido de Hg en tejido subterráneo y aéreo de *Heliconia Psittaocurm.*

Los resultados muestran que la especie vegetal tuvo la capacidad de movilizar el metal pesado hacia el tejido aéreo con factor de traslocación FT cerca de 1. Los resultados están en concordancia con estudios anteriores donde la especie *He* ante dosis similares de Hg (60.4 μg L^{-1} y 71.56 μg L^{-1}) tuvo FT=0.9 y FT=1.2 (Madera et al., 2014). El FT muestra que en un proceso de fitorremediación se podría retirar, aproximadamente, el 50% del Hg capturado por la planta. La Fitoextracción pudo ser el mecanismo que utilizaron las especies vegetales para capturar los iones Hg^{+2}, el MP por ser inorgánico no pude ser degradado, por ello es remediado principalmente por inmovilización del contaminante en la rizosfera o extracción del suelo hacia los tejidos aéreos de la planta. Por medio de la fitoextracción la planta remueve el metal por procesos similares a los que usa para tomar los nutrientes, usando tres rutas principalmente: apoplástica (a través de la pared celular), simplástica (vía citoplasma/plasmodesmo) y/o transmembrana (vía transportadores de membrana) (Gerhardt et al., 2017).

6.2 Respuesta espectral de la especie *Heliconia Psittacorum* ante estrés por mercurio

6.2.1 Espectro de reflectancia en el rango (350nm – 800nm)

Se obtuvo la respuesta espectral de la especie *He* a nivel de hoja, usando un espectrómetro en el rango 350nm a 800nm. El espectro de reflectancia mostró, como es habitual, en tejido foliar (Filella & Peñuelas, 1994; Blackburn, 2007), baja reflectancia en el visible (azul y rojo), alta reflectancia en el infrarrojo cercano y un incremento rápido entre las dos zonas (*red edge*) (Figura 29A). Antes de realizar la estimación de índices espectrales, se realizó una operación de filtrado de media, al espectro de reflectancia, con una ventana de 10x1 con el fin de eliminar componentes de alta frecuencia y ruido en la señal (Figura 29B).

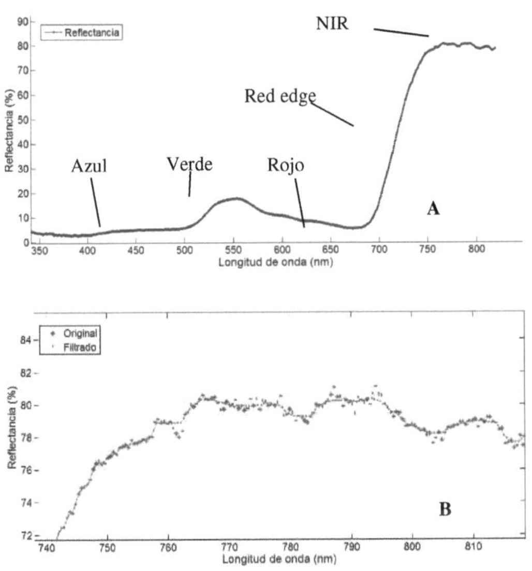

Figura 29. A. Espectro de reflectancia de tejido foliar de *He*. B. Espectro de reflectancia original y con filtro de media.

6.2.2 Índices espectrales de vegetación en el rango (350nm – 800nm)

A partir del espectro de reflectancia filtrado, se calcularon los índices de vegetación NDVI, PRI, DMAX, GNDVI y VOG1. El índice espectral NDVI presentó diferencias significativas entre el grupo de tratamiento con Hg y control para los tiempos t=168h, 744h y 2280h (p<0.1) (Tabla 15), sin embargo, los valores medios de cada grupo estuvieron dentro del rango de vegetación sana (>0.8). Debido a que la variación del índice en el tiempo no fue consistente, no es posible concluir que las diferencias sean causadas por la intoxicación por Hg. El índice NDVI ha sido usado exitosamente para diferenciar coberturas de vegetación de otro tipo de coberturas (Mavrakis & Papavasileiou, 2013; Li et al., 2017; Pang et al., 2017; Jia et al., 2014), sin embargo, no es realmente efectivo para detectar estrés si éste no está suficientemente avanzado como para afectar a la estructura y/o bioquímica foliar (Pérez, 2004).

El índice espectral PRI presentó diferencias significativas entre el grupo de control y tratamiento en los tiempos t=1536h y t=2280h (p<0.1) (Tabla 15). Para el tiempo t=1896h los datos no fueron consistentes y se presentó variabilidad alta para el grupo de tratamiento. Los resultados sugieren que el índice PRI, posiblemente, detectó estrés hídrico causado por la diminución en la disponibilidad que produce la toxicidad por Hg, en una etapa avanzada de la experimentación (días 64 y 95). Se ha demostrado, anteriormente, que existe correlación entre el índice PRI y el contenido de agua a nivel de hoja (Rossini et al., 2013). Aunque este índice fue originalmente relacionado con la actividad de pigmentos xantófilos y eficiencia fotoquímica (Gamon et al., 1992), según la revisión de Katsoulas et al. (2016), el índice PRI tiene relación con estados de estrés hídrico.

El parámetro DMAX no presentó diferencias significativas entre el grupo de control y tratamiento en ningún instante de tiempo durante el periodo de experimentación (p<0.1) (Tabla 15). Aunque estudios anteriores han mostrado que la primera derivada del espectro de reflectancia puede estar relacionada con el contenido de clorofila en hoja (Filella & Peñuelas, 1994; Yang et al., 2015), no resultó suficientemente sensible para detectar los efectos de la toxicidad por Hg en el grupo de tratamiento de la especie *He*. Tanto el parámetro DMAX como los índices espectrales NDVI y PRI presentaron alta variabilidad y no permitieron diferenciar fácilmente los grupos control y tratamiento (Figura 31).

Tabla 15. Análisis de varianzas para índices NDVI, PRI y DMAX para grupos de control y tratamiento.

Tiempo (horas)	Avg NDVI		Avg DMAX		Avg PRI		p-valor NDVI	p-valor DMAX	p-valor PRI
	C	T	C	T	C	T			
24	0.817[a]	0.834[a]	1.95[a]	1.74[a]	0.001[a]	-0.003[a]	0.337	0.147	0.880
168	0.825[a]	0.821[b]	1.85[a]	1.71[a]	0.022[a]	0.023[a]	0.901	0.451	0.764
576	0.852[a]	0.784[a]	2.03[a]	1.87[a]	0.004[a]	-0.014[a]	0.345	0.196	0.458
744	0.835[a]	0.836[b]	1.89[a]	2.03[a]	-0.003[a]	-0.018[a]	0.95	0.528	0.223
1200	0.827[a]	0.816[a]	1.99[a]	1.96[a]	-0.008[a]	-0.002[a]	0.407	0.884	0.631
1536	0.836[a]	0.815[a]	2.07[a]	2.15[a]	0.002[a]	-0.02[b]	0.234	0.670	0.090

Tiempo (horas)	Avg NDVI		Avg DMAX		Avg PRI		p-valor NDVI	p-valor DMAX	p-valor PRI
	C	T	C	T	C	T			
1896	0.800[a]	0.839[a]	1.77[a]	2.36[a]	0.002[a]	0.016[a]	0.124	0.106	0.712
2280	0.851[a]	0.813[b]	2.23[a]	2.13[a]	0.018[a]	-0.007[b]	0.016	0.652	0.033

Los superindices a y b hacen referencia a grupos estadísticamente diferentes.

El índice GNDVI, variación del índice NDVI centrado en las bandas 550nm y 780nm, presentó diferencias significativas desde la hora 1200 (p<0.1) (Tabla 16), característica que permaneció hasta el final de la experimentación. El valor medio del índice GNDVI se mantuvo mayor a 0.6 para el grupo de control, mientras que para el grupo de tratamiento fue menor a este valor desde la hora 168 (Figura 31). La disminución puede estar asociada a la inhibición en la sintesis de clorofila causado por la toxicidad por Hg, que a su vez diminuye el verdor del tejido foliar. El rango de absorción de los pigmentos en la planta, en el espectro visible, está entre 450nm y 650nm, considerando que ni el dióxido de carbono ni el agua absorben en el rango visible, una disminución en la absorción en esta banda estaria asociada a la disminución en el contenido de clorofila (Torri, 2016). Menor absorción en el rango 450nm – 650nm es equivalente a mayor reflectancia en la misma banda, los resultados mostraron que la reflectancia aumentó, en este rango, para el grupo de tratamiento con Hg (Figura 30).

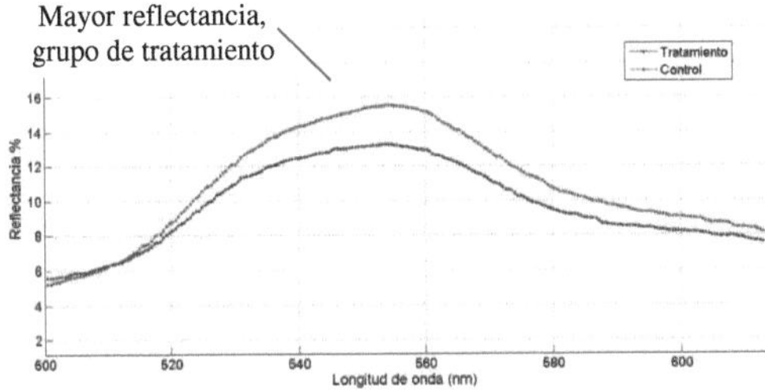

Figura 30. Comparación de espectro de reflectancia en el visible para grupo de control y tratamiento.

En la zona *red edge*, el índice espectral VOG1 presentó diferencias significativas entre el grupo de control y tratamiento desde la hora 1200 hasta finalizar el experimento en la hora 2280 (p<0.1) (Tabla 16). El valor medio del índice, para el grupo de tratamiento, se mantuvo por debajo de 1.3 desde el mismo instante de tiempo en que se presentaron diferencias significativas, mientras que para el grupo de control estuvo en el rango (1.460-1.549) (Figura 31). Los resultados sugieren que la inhibición en la sintesis de clorofila y disminución en el contenido de agua debido a la toxicidad por Hg, son la causa de las diferencias entre los grupos, se ha mostrado que VOG1 es sensible a estas variables (Vogelmann et al., 1993; de Jong et al., 2012). Un valor bajo del índice está asociado a una pendiente menor entre las bandas 720nm y 740nm. En un espectro de reflectancia, si se traza una línea recta entre los valores correspondientes a 720nm y 740nm, la recta de mayor pendiente estará asociada a un mayor valor de índice VOG1 , en este caso al grupo de control (Figura 32).

Tabla 16. Prueba estadística análisis de varianzas para índices espectrales GNDVI y VOG1 para grupos de control y tratamiento.

Tiempo (horas)	Avg GNDVI		Avg VOG1		p-valor GNDVI	p-valor VOG1
	C	T	C	T		
24	0.642 [a]	0.628 [a]	1.527 [a]	1.506 [a]	0.699	0.721
168	0.632 [a]	0.592 [a]	1.492 [a]	1.445 [a]	0.337	0.492
576	0.625 [a]	0.562 [a]	1.437 [a]	1.398 [a]	0.345	0.664
744	0.614 [a]	0.581 [a]	1.460 [a]	1.421 [a]	0.371	0.518
1200	0.617 [a]	0.532 [b]	1.490 [a]	1.370 [b]	0.070	0.077
1536	0.643 [a]	0.532 [b]	1.449 [a]	1.336 [b]	0.005	0.026
1896	0.664 [a]	0.588 [b]	1.541 [a]	1.409 [b]	0.080	0.058
2280	0.625 [a]	0.528 [b]	1.549 [a]	1.360 [b]	0.019	0.009

Los superindices a y b hacen referencia a grupos estadísticamente diferentes.

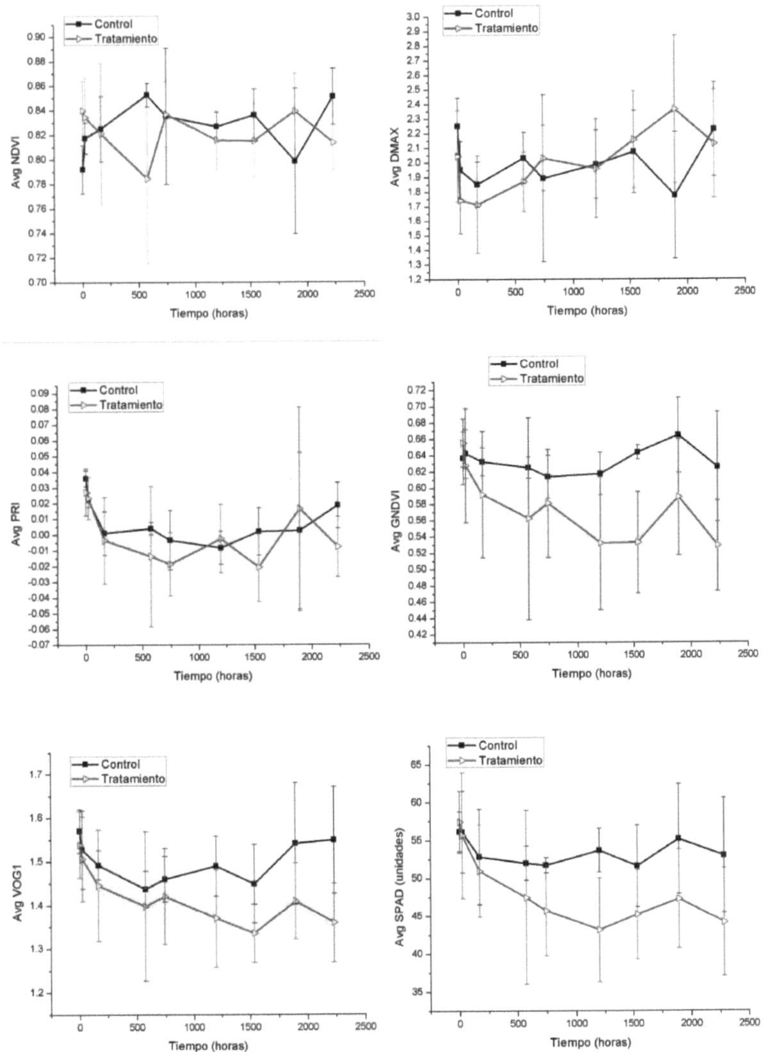

Figura 31. Variación en el tiempo de valores promedio de índices espectrales NDVI, PRI, DMAX, GNDVI, VOG1 y contenido de clorofila SPAD para grupos de control y tratamiento.

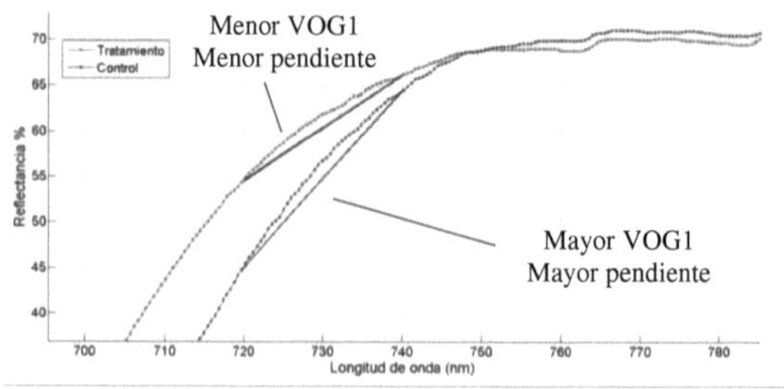

Figura 32. Comparación espectro de reflectancia para cálculo de índice VOG1 entre grupo de control y tratamiento.

6.2.3 Correlación entre índices espectrales de vegetación y contenido de clorofila

Con el objetivo de encontrar la correlación existente entre el contenido de clorofila SPAD y los índices espectrales, se estimó el coeficiente de correlación lineal de *Spearman* $r_{x,y}$ y el coeficiente de determinación $r_{x,y}^2$ para cada relación SPAD-Índice de vegetación. Los resultados mostraron bajos coeficientes de correlación entre el contenido de clorofila y los índices NDVI, DMAX y PRI, mientras que los índices GNDVI y VOG1 presentaron coeficientes de correlación lineal mayores a 0.80 (Tabla 17). Variaciones en el contenido de clorofila SPAD entre 23.4 y 66.7 representaron variaciones entre 0.274 y 0.753 en unidades de GNDVI y variaciones entre 1.051 y 1.775 en unidades de VOG1. La relación entre los índices de vegetación GNDVI, VOG1 y el contenido de clorofila fue lineal y creciente (Figura 33).

Tabla 17. Coeficientes de correlación entre contenido de clorofila SPAD e índices de vegetación.

Índice Espectral	Coeficiente de Spearman $r_{x,y}$	Coeficiente de determinación $r_{x,y}^2$	Modelo de predicción
NDVI	0.26	0.068	-
DMAX	0.23	0.055	-
PRI	0.52	0.276*	-
GNDVI	0.83	0.6870	SPAD=GNDVI×86.723-0.705
VOG1	0.84	0.709	SPAD=VOG1×56.075-30.072

Es posible obtener un primer modelo de predicción para el contenido de clorofila usando los índices espectrales que presentaron la mejor correlación lineal (GNDVI, VOG1). Los modelos lineales de predicción se definen como las rectas que ajusten con menor error los datos de contenido de clorofila e índices espectrales. De esta manera se obtiene un modelo para estimar el contenido de clorofila para cada índice espectral

GNDVI y VOG1. Tomando el 30% de los datos, los cuales no se incluyeron en la estimación del modelo, se obtuvo predictores con RMSE=4.40 para el modelo basado en el índice VOG1 (Figura 34A) y RMSE=4.13 para el modelo basado en el índice GNDVI (Figura 34B).

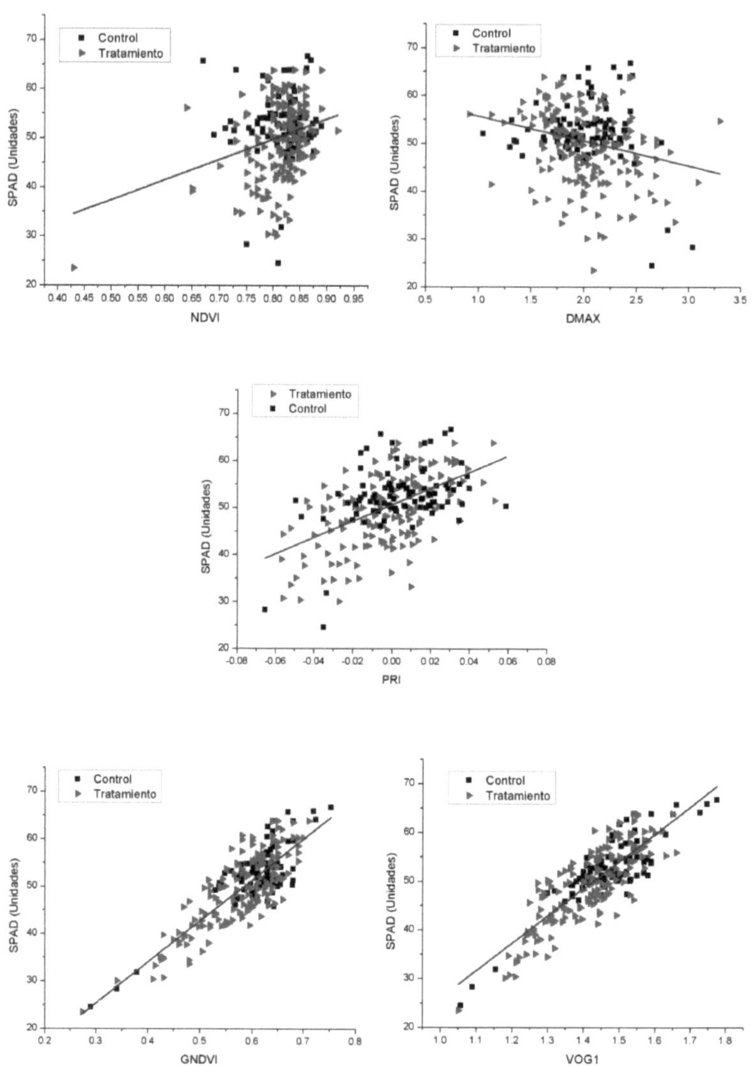

Figura 33. Relación entre contenido de clorofila SPAD e índices espectrales NDVI, DMAX, PRI, GNDVI y VOG1.

Se desarrolló un estimador que integró la información tanto del índice GNDVI como VOG1 en un único sistema basado en redes neuronales con funciones de base radial (RBF). La arquitectura desarrollada fue 2-30-1 (2 neuronas de entrada, 30 neuronas en la capa oculta y 1 neurona de salida) (Figura 34C). Para entrenar el predictor se usó el 70% de los datos y el 30% para la validación. El estimador basado en redes neuronales presentó un RMSE=3.88 (Figura 34D), mejorando el desempeño de los estimadores independientes basados en el ajuste lineal.

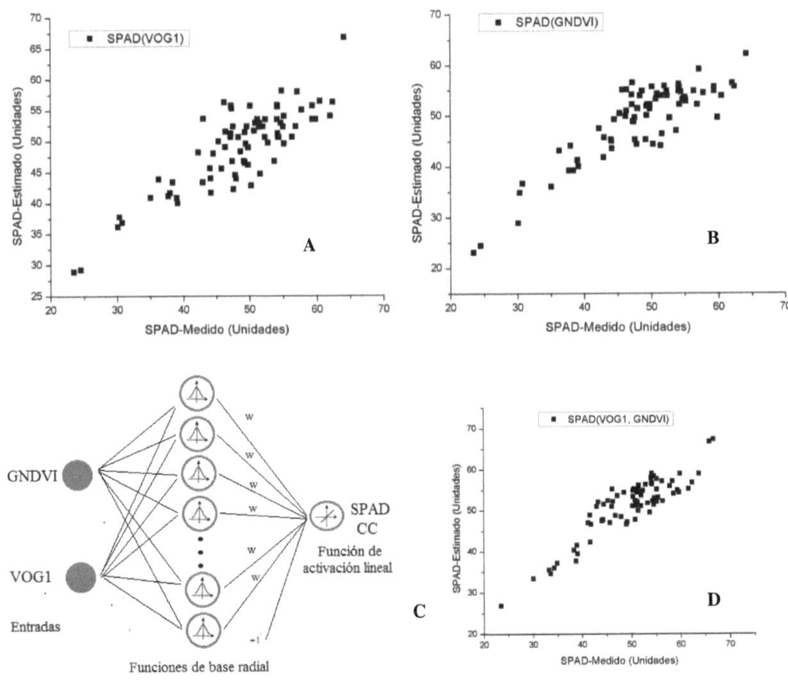

Figura 34. Valores de contenido de clorofila SPAD estimados y medidos. A. Estimador basado en regresión lineal de VOG1. B. Estimador basado en regresión lineal de GNDVI. C. Arquitectura de red neuronal con RBF. D. Estimador basado en RBF.

Los resultados aquí presentados están en concordancia con los reportados anteriormente, Oyundari (2008) desarrolló un predictor lineal ($r_{x,y}^2 = 0.64$, RMSE=1.616), basado en el índice espectral VOG1, para el contenido de clorofila SPAD en la especie *Zea mays* validado en el rango 22-32 unidades SPAD, por fuera de este rango el predictor perdió sensibilidad. El estimador desarrollado presentó menor RMSE que el desarrollado por Wang et al. (2016), donde se propuso una regresión lineal partiendo de coeficientes de transformada *wavelet* de los espectros de reflectancia. Otros índices espectrales como TCARI y OSAVI se han empleado para desarrollar predictores con desempeños similares, Haboudane et al. (2002) presentan un predictor basado en regresión logarítmica usando la relación TCARI/OSAVI, obtuvieron RMSE=4.35µg cm^{-2}. En la zona *red edge* Clevers & Gitelson (2013) reportaron un estimador para el contenido de clorofila que presentó RMSE=19µg cm^{-2} en la especie *Glycine max*, los autores encontraron mejores predicciones asociadas a contenidos bajos de clorofila.

Los predictores basados en clasificadores con redes neuronales se han usado anteriormente con éxito para predecir el contenido de clorofila a partir de información óptica remota. Suo et al. (2010) presentan un estudio con imágenes donde usan un perceptrón multicapa MLP basado en redes neuronales artificiales, que predice con un error relativo promedio de 8.41%, respecto a medidas de contenido de clorofila destructivas en laboratorio, con la especie vegetal *Gossypium L.* Usando una red neuronal de propagación hacia atrás BP de arquitectura 4-10-2-1 con algoritmo de aprendizaje de gradiente descendente, Liu et al. (2010), presentan un predictor de contenido de clorofila con RMSE=2.58µg cm^{-2}, el estudio se realizó en cultivos de arroz sometidos a estrés por metales pesados (Cu, Cd).

6.2.4 Reflectancia en el rango (350nm – 800nm) y clorosis foliar

Las hojas de las UE de control permanecieron sanas y sin evidencia de clorosis o senescencia, mientras que algunas hojas de las UE de tratamiento con Hg presentaron clorosis, y una de ellas presentó senescencia. La reflectancia en el rango visible fue menor a la reflectancia del NIR, para todas las medidas en tejido foliar, sin embargo, se presentaron variaciones en el espectro para hojas cloróticas o senescentes. Mientras la reflectancia en el NIR en hojas sanas fue mucho mayor que la reflectancia en el rango visible, en hojas cloróticas la diferencia disminuyó. El efecto se incrementó para las hojas que presentaron senescencia. La Figura 35A presenta el espectro de reflectancia de una hoja sana, una clorótica y una senescente. En la banda espectral asociada al color azul (400-495 nm) no existió diferencia en la reflectancia de las hojas. Entre las bandas relacionadas con el color verde (495-570 nm) y rojo (620-750 nm), donde pueden situarse los colores amarillo y naranja A-N (570-620 nm), la reflectancia fue mucho mayor para la hoja senescente que para la clorótica y la hoja sana. Alrededor de los 680 nm, donde inicia la pendiente del *red edge,* la hoja senescente presenta mayor reflectancia que las hojas clorótica y sana. En la región *red edge* se encontró un corrimiento en la longitud de onda asociada al máximo de la primera derivada del espectro de reflectancia, la hoja senescente presentó corrimiento respecto a la hoja clorótica, y ésta un corrimiento respecto a la hoja sana (Figura 35B). La posición del *red edge* (REP) fue de 695 nm para la hoja senescente, 700 nm hoja clorótica y 720nm hoja sana. En el NIR se encontró que la hoja sana reflejó más radiación que las hojas clorótica y senescente.

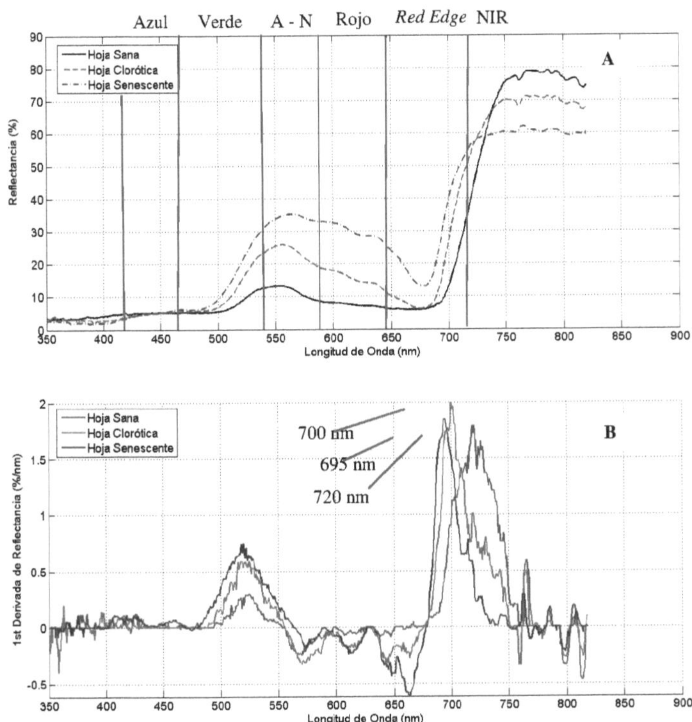

Figura 35. A. Espectro de reflectancia Heliconia Psittacorum. Hojas sana, clorótica y senescente. B. Primera derivada del espectro de reflectancia.

Las bandas de absorción más pronunciadas de la clorofila *a* están en 430 nm (azul) y 662 nm (rojo). El aumento en la reflectancia en la banda del color rojo puede estar asociado a la disminución en la concentración de clorofila en las hojas clorótica y senescente debido a la fitotoxicidad por la presencia de Hg. La reflectancia en el NIR (>750 nm) está dominada por la estructura del mesófilo de la hoja. La disminución en la reflectancia en este rango, para las hojas clorótica y senescente de las UE de tratamiento, puede estar asociada a la modificación estructural del mesófilo que causa el déficit hídrico que puede ocurrir por la toxicidad por el MP (Silva et al., 1999). Estudios anteriores han reportado la relación entre la respuesta espectral en la banda *red edge* y el contenido de clorofila (Ferri et al., 2004; Dian et al., 2016; Xu et al., 2009; Mielke et al., 2012; Liu et al., 2016; Xu et al., 2011). El corrimiento hacia el azul del máximo de la primera derivada del espectro de reflectancia, en las hojas clorótica y senescente, puede estar asociado a la disminución en el contenido de clorofila debido a la presencia de Hg (Li et al., 2015). Investigaciones anteriores muestran que el REP para hojas con alto contenido de clorofila se hace presente entre 720 nm y 735 nm (Lamb et al., 2002; Horler et al., 1983; Ju et al., 2010), mientras que para hojas con bajo contenido de clorofila el corrimiento lleva el REP alrededor de los 700 nm (Cho

& Skidmore, 2006), resultados que concuerdan con los obtenidos en este estudio (Figura 35B).

6.2.5 Índices de vegetación a partir de imágenes multiespectrales

6.2.5.1 Preprocesamiento de imágenes multiespectrales

Los valores digitales de cada imagen espectral de la cámara *RedEdge* de *MicaSense* (verde, rojo, infrarrojo y rojo-borde), Figura 36, fueron convertidos a valores físicos de radiancia mediante calibración radiométrica, ecuación (9) (Hantson et al., 2011). Los valores de ganancia y offset se tomaron de los metadatos de las imágenes multiespectrales. Las imágenes calibradas radiométricamente fueron transformadas geométricamente usando el modelo homográfico, ecuación (7) y (8). Con el fin de realizar la transformación se desarrolló un software que, a partir de 4 puntos en la imagen origen (imagen IR), seleccionados manualmente, y sus 4 puntos correspondientes en la imagen objetivo (imagen de banda verde, rojo o *red edge*), permitió realizar la transformación homográfica, Figura 37.

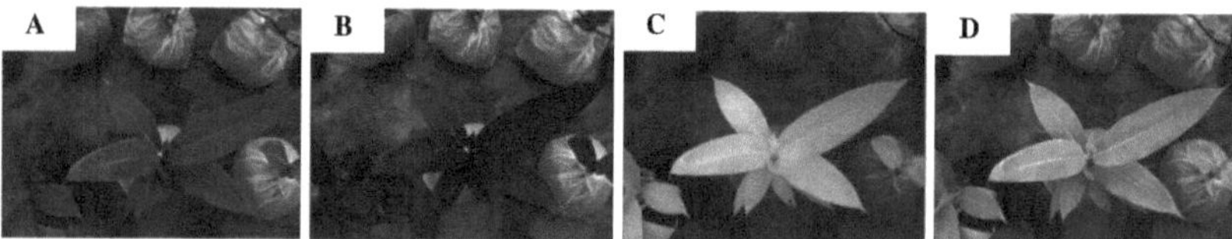

Figura 36. Imágenes espectrales de cámara *RedEdge* de *Micasense*. A. Verde (560nm). B. Rojo (668nm). C. Infrarrojo (840nm). D. Rojo borde (717nm).

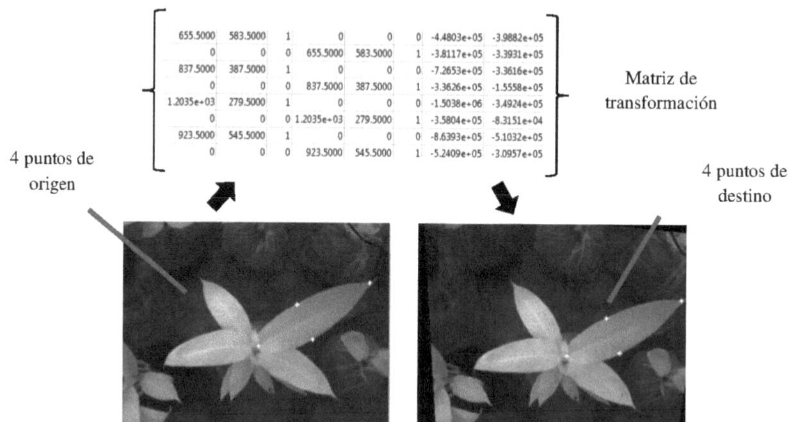

Figura 37. Transformación geométrica 2D de imagen IR usando la homografía partiendo de 4 puntos conocidos.

La transformación geométrica mapeó los puntos de la banda IR a las coordenadas de las bandas rojo, verde y *red edge* para el cálculo de los índices NDVI, GNDVI y NDRE respectivamente. La transformación propuesta representa un mapeo 2D a 2D, por lo cual el mapeo es efectivo cuando los puntos de control se toman, aproximadamente en el mismo plano, de otra forma los puntos que se encuentren a diferente profundidad en la escena tendrán un error asociado a la calibración geométrica. Las regiones de interés usadas para estimar los índices espectrales se eligieron dentro de los puntos de mapeo. Una vez las imágenes han sido mapeadas es posible estimar el índice espectral realizando el cálculo convencional pixel a pixel, si no se realiza correctamente el mapeo, las imágenes no estarán correctamente alineadas y la estimación del índice será errada. La Figura 38 muestra la diferencia del solapamiento de dos imágenes con corrección geométrica y sin ella. Los marcadores negros representan los puntos de control de la imagen IR y los marcadores blancos los puntos de control de la imagen del plano de color rojo. Después de la transformación geométrica, los marcadores se solapan y las imágenes quedan alineadas Figura 38.

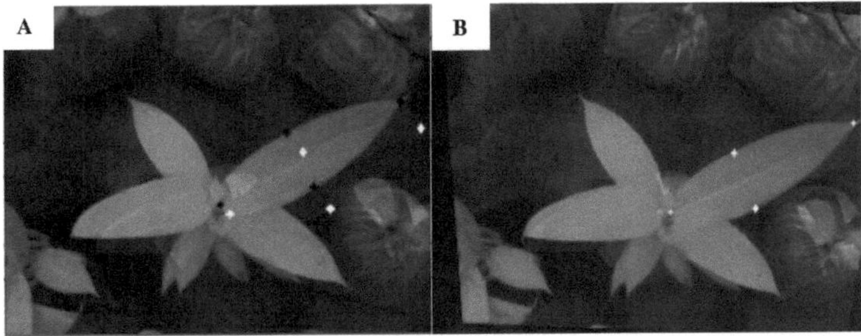

Figura 38. Solapamiento de imágenes (bandas IR y rojo). A. Solapamiento de imágenes sin transformación geométrica. B. Solapamiento de imágenes con transformación geométrica.

Finalmente, con las imágenes de radiancia se estimó la reflectancia de cada imagen usando la ecuación (11), Figura 39, donde cada pixel representa el porcentaje de reflectancia para cada banda respecto a la calibración del blanco. Se obtuvo, entonces, a partir de las imágenes en niveles de gris ND y desapareadas, imágenes de reflectancia alineadas listas para procesar pixel a pixel. Generalmente, es necesario realizar compensaciones en la calibración debido a efectos atmosféricos causados por la columna de aire entre el sensor y el objetivo (Hantson et al., 2011), sin embargo, en este caso la distancia entre la cámara multiespectral y las plantas objetivo es pequeña y tales efectos se consideran despreciables.

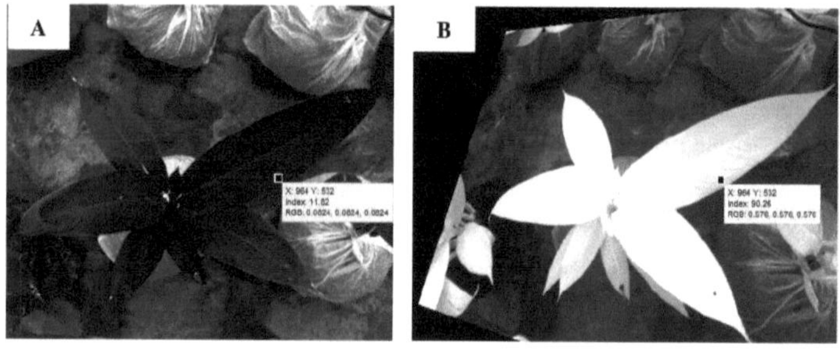

Figura 39. Imágenes de reflectancia. A. Reflectancia asociada al plano de color rojo. B. Reflectancia asociada al plano IR.

6.2.5.2 Índices de vegetación de Heliconia Psittacorum a partir de imágenes

A partir de las imágenes obtenidas en la etapa de preprocesamiento, se obtuvieron imágenes de índices espectrales NDVI, GNDVI y NDRE de cada unidad experimental, usando las ecuaciones (1), (2) y (5) operadas pixel a pixel para cada banda. La selección del valor representativo para cada hoja se obtuvo tomando el valor más frecuente del histograma de una región de interés (ROI) de la imagen asociada al índice de vegetación (Figura 40). Los resultados mostraron que existe un corrimiento hacia la derecha en el histograma para índices de vegetación asociados a valores más altos de contenido de clorofila, las imágenes de índices espectrales codificadas en escala de grises presentan valores más cercanos al blanco para contenidos de clorofila mayor y valores más oscuros para contenidos de clorofila menor (Figura 41).

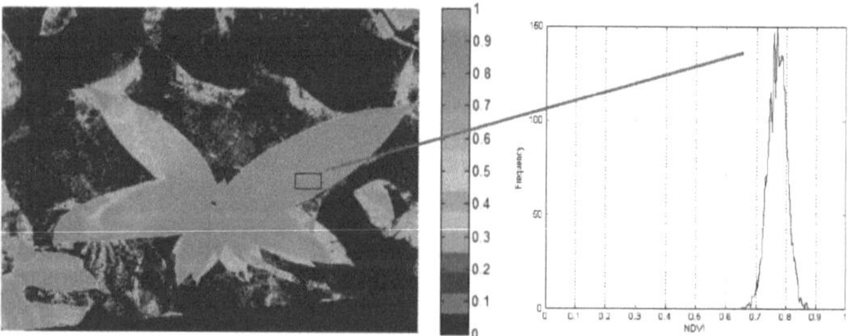

Figura 40. Imagen GNDVI en pseudocolor de Heliconia Psittacorum. Histograma asociado a ROI de imagen GNDVI.

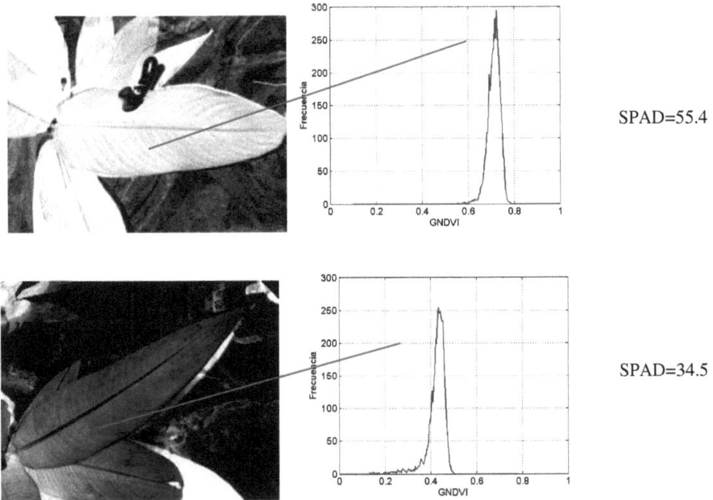

Figura 41. Izquierda. Imágenes GNDVI en escala de grises. Derecha. Corrimiento en el histograma del índice de vegetación GNDVI asociado a variaciones en el contenido de clorofila.

Los resultados mostraron diferencias significativas para el índice GNDVI desde la hora 1200 ($p<0.1$) entre el grupo de control y tratamiento con Hg (Tabla 18), al mismo tiempo que se encontraron diferencias significativas para el mismo índice (GNDVI) medido con el espectrómetro STS-VIS (sección 6.2.2). El valor medio del índice GNDVI para el tratamiento de control estuvo por encima de 0.55 durante todo el experimento, mientras que para el grupo de tratamiento, después de la hora 744, estuvo por debajo de éste umbral. El comportamiento del valor medio del índice GNDVI medido con la cámara multiespectral es muy similar al comportamiento del índice medido con el espectrómetro STS-VIS. Para el grupo de tratamiento, se presenta una disminución del índice GNDVI desde la hora 0 hasta la hora 576, luego hay un incremento en el valor hasta la hora 744, nuevamente diminución del índice hasta la hora 1536, se produce un nuevo aumento a la hora 1896 y finalmente una diminucón hasta la hora 2280 donde presenta un valor medio de 0.59 (Figura 42A).

El índice NDVI presentó diferencias significativas entre los grupos para la hora 1896 y 2280 ($p<0.1$) (Tabla 18), el índice no fue sensible en etapas tempranas de estrés, y aunque los valores medios del índice para los grupos presentaron cierta separación para la hora 1200, tuvieron alta variabilidad por lo cual no fueron estadísticamente diferenciables. Por otra parte, el índice NDRE presentó diferencias significativas entre los grupos únicamente para la hora 2280 ($p<0.1$) (Tabla 18). Desde la hora 1200 el valor medio del índice NDRE fue menor para el grupo de tratamiento con Hg que para el grupo de control, sin embargo, la variabilidad entre las réplicas de cada grupo fue alta (Figura 42A). El índice espectral NDRE usa información de la zona *red edge* al igual que el índice espectral VOG1, mientras éste último permitió diferenciar los

73

tratamientos en el primer mes de experimentación, el índice NDRE sólo fue lo suficientemente sensible al cumplir los 3 meses después de la intoxicación de las UE con Hg.

Tabla 18. Análisis de varianzas para índices NDVI, NDRE y GNDVI tomados de imágenes multiespectrales para grupos de control y tratamiento.

Tiempo (horas)	Avg NDVI		Avg NDRE		Avg GNDVI		p-valor NDVI	p-valor NDRE	p-valor GNDVI
	C	T	C	T	C	T			
0	0.786 [a]	0.836 [a]	0.158 [a]	0.171 [a]	0.632 [a]	0.680 [a]	0.122	0.877	0.537
168	0.809 [a]	0.821 [a]	0.159 [a]	0.112 [a]	0.679 [a]	0.611 [a]	0.246	0.217	0.217
576	0.768 [a]	0.789 [a]	0.081 [a]	0.118 [a]	0.494 [a]	0.544 [a]	0.188	0.353	0.217
744	0.813 [a]	0.801 [a]	0.086 [a]	0.125 [a]	0.600 [a]	0.584 [a]	0.588	0.122	0.816
1200	0.798 [a]	0.728 [a]	0.126 [a]	0.100 [a]	0.614 [a]	0.501 [b]	0.122	0.214	0.008
1536	0.784 [a]	0.780 [a]	0.107 [a]	0.099 [a]	0.560 [a]	0.494 [b]	0.938	0.353	0.087
1896	0.814 [a]	0.723 [b]	0.138 [a]	0.110 [a]	0.603 [a]	0.511 [b]	0.064	0.280	0.063
2280	0.789 [a]	0.707 [b]	0.133 [a]	0.091 [b]	0.590 [a]	0.500 [b]	0.063	0.064	0.089

Los superindices a y b hacen referencia a grupos estadísticamente diferentes.

6.2.5.3 Correlación entre índices de vegetación en imágenes y contenido de clorofila

El coeficiente de correlación lineal de *Spearman* entre los índices de vegetación NDVI, NDRE y el contenido de clorofila SPAD fue menor a 0.5 (Tabla 19). Los resultados muestran que los índices NDVI y NDRE en imágenes no son buenos estimadores del contenido de clorofila. Por otra parte, el índice GNDVI y el contenido de clorofila presentaron coeficiente de correlación de *Spearman* mayor a 0.8, similar al resultado obtenido para el índice GNDVI estimado con el espectrómetro STS-VIS. Valores altos de contenido de clorofila están asociados a valores mayores en el índice GNDVI. Variaciones en el contenido de clorofila SPAD entre 23.4 y 66.7 unidades representaron variaciones entre 0.252 y 0.817 en unidades de GNDVI. De los tres índices espectrales evaluados, el índice GNDVI podría ser un buen estimador del contenido de clorofila con una sensibilidad de 6.18 unidades SPAD/unidades GNDVI (Tabla 19). Estudios anteriores relacionados con la estimación del contenido de clorofila usando imágenes multi e hiperespectrales han mostrado que el índice GNDVI suele tener mejor desempeño que otros índices de vegetación (Delegido et al., 2015). Isla et al. (2011) encontraron que, entre 9 índices de vegetación, a partir de imágenes multiespectrales, el índice GNDVI obtuvo el mejor desempeño para estimar el contenido de clorofila en ensayos con maíz con $r_{x,y} = 0.83$.

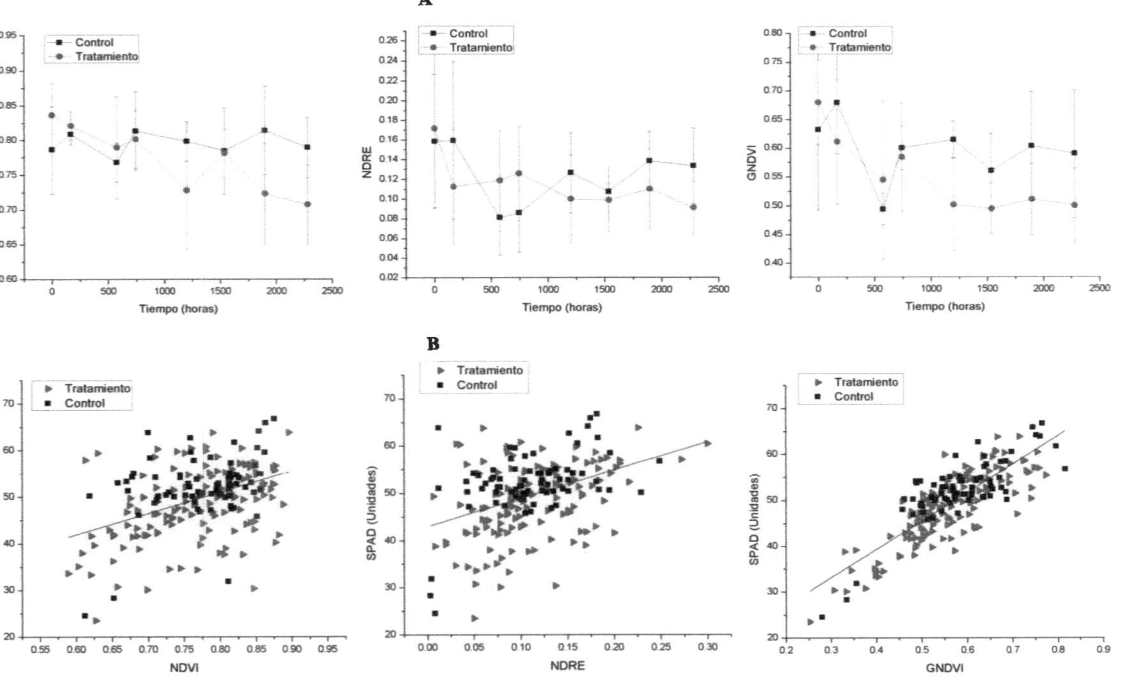

Figura 42. A. Variación de índices espectrales NDVI, NDRE y GNDVI en el tiempo. B. Relación entre contenido de clorofila SPAD e índices de vegetación NDVI, NDRE y GNDVI.

Tong & He (2017) evaluaron 144 índices espectrales y encontraron que, usando imágenes satelitales de los años 2012/2013, los dos índices con mejor desempeño fueron VOG4 y CIgreen, éste último se estima con las bandas espectrales NIR y Green, al igual que el índice GNDVI.

Tabla 19. Coeficientes de correlación entre contenido de clorofila SPAD e índices de vegetación tomados de imágenes multiespectrales.

Índice Espectral	Coeficiente de Spearman $r_{x,y}$	Coeficiente de determinación $r_{x,y}{}^2$	Modelo de predicción
NDVI	0.410	0.168	-
NDRE	0.400	0.160	-
GNDVI	0.819	0.671	SPAD=GNDVI*61.885+14.536

Existe un error al estimar el nivel de correlación entre los índices de vegetación en imágenes y el contenido de clorofila medido con SPAD debido a la diferencia en la resolución espacial de los dos instrumentos. Sí el índice de vegetación se toma exactamente en la zona de medida del SPAD dicho error se minimiza. Para lograr mitigar el efecto del error y estimar la verdadera correlación entre los instrumentos se realizó un mapeo de 10 puntos en dos hojas (hoja1: grupo de tratamiento, hoja2: grupo de control), en cada punto se midió el contenido de clorofila con SPAD y se estimó el índice de vegetación GNDVI seleccionando la misma región como ROI para el procesamiento (Figura 11B). Los resultados mostraron que el coeficiente de determinación entre SPAD y GNDVI pasó de $r_{x,y}{}^2 = 0.67$ a $r_{x,y}{}^2 = 0.90$ para la hoja1 y $r_{x,y}{}^2 = 0.83$ para la hoja2 (Figura 43B). Cada punto de medida tiene asociado un histograma cuyo máximo es el valor más representativo para la ROI. Se encontró que los histogramas de los 10 puntos de medida en una misma hoja tenían corrimientos Figura 43C, efecto que se explica por la variabilidad en el contenido de clorofila en diferentes zonas de la misma hoja. La imagen GNDVI, en pseudocolor, permite apreciar las variaciones en el contenido de clorofila de las hojas estudiadas (Tabla 20), Figura 43A. La imagen NDVI no tiene la suficiente sensibilidad para diferenciar esas variaciones en el contenido de clorofila, confirmando los resultados de correlación NDVI-SPAD presentados anteriormente (Tabla 19).

Tabla 20. Coeficiente de variación y de determinación - variables SPAD y GNDVI.

Hoja	Coeficiente de variación SPAD (%)	Coeficiente de variación GNDVI (%)	Coeficiente de determinación $r_{x,y}{}^2$
hoja1	4.8	8.9	0.90
hoja2	11.8	13.0	0.83

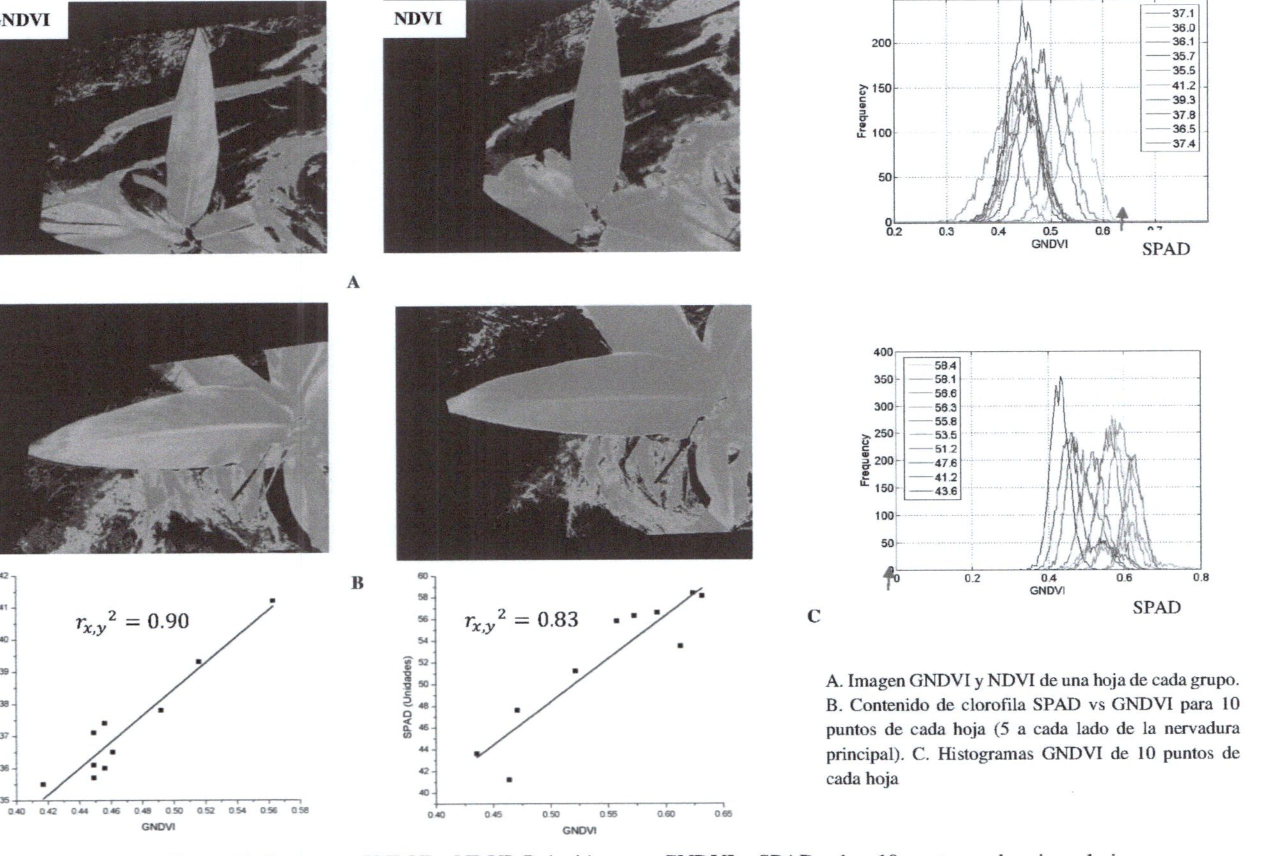

Figura 43. Imágenes GNDVI y NDVI. Relación entre GNDVI y SPAD sobre 10 puntos en la misma hoja.

6.3 Respuesta térmica de la especie *Heliconia Psittacorum* ante estrés por mercurio

6.3.1 Relación entre temperatura foliar medida con CI-340 y FLIRE40

La respuesta térmica foliar de la *He* se estudió usando el sensor de temperatura del equipo IRGA CI-340 y la cámara termográfica FLIRE40. Los resultados mostraron que la temperatura foliar medida con los dos equipos tiene un alto coeficiente de correlación lineal $r_{x,y} = 0.9$ (Figura 44). Se encontró un modelo lineal que relaciona las medidas de temperatura de los dos equipos $T_{IRGA} = 1.062 * T_{FLIR} + 1.85$. La pendiente de la curva que relaciona las dos variables es, aproximadamente, uno y se presentó un offset de 1.85°C. Los resultados muestran que la temperatura medida con la cámara térmica es similar a la medida con el equipo de actividad fotosintética, con la ventaja de que la cámara térmica no necesita tener contacto con la hoja para tomar la medida. El equipo de intercambio de gases, por ser de contacto, puede afectar el estado termodinámico de la hoja en estudio.

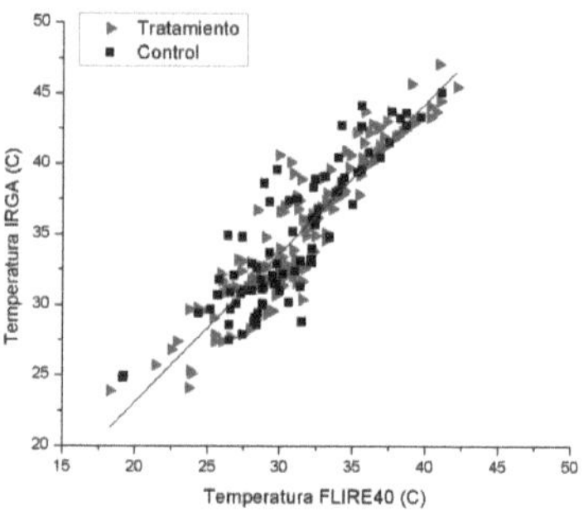

Figura 44. Temperatura foliar medida con equipo CI-340 vs temperatura medida con cámara FLIRE40.

6.3.2 Fotosíntesis y temperatura foliar óptima

La relación entre tasa fotosintética y temperatura foliar mostró que existe cierta tendencia a que los valores mayores de fotosíntesis se concentren alrededor de un valor de temperatura. El grupo de control presentó este comportamiento cerca de los 32.1°C, mientras que para el grupo de tratamiento se presentó cerca de los 32.4°C. El grupo de control presentó la máxima tasa fotosintética 26.04 µmol m^2 s^{-1} a 32.1°C, mientras que el grupo de tratamiento presentó la máxima tasa fotosintética 14.9 µmol m^2 s^{-1} a 32.4°C. Para valores de temperatura foliar menor a 30°C, ninguno de los grupos, superaron una tasa fotosintética de 10 µmol m^2 s^{-1}. Para el grupo de control, a temperatura foliar mayor a 33°C, los datos de tasa fotosintética se distribuyeron mayormente entre 4 y 12 μmol m^2 s^{-1}, y a temperatura foliar superior a 40°C entre 3.5 y 8 μmol m^2 s^{-1}. Por otra parte, para el grupo de tratamiento, a temperatura foliar superior a 33°C la tasa fotosintética no superó, en ningún caso, el valor de 12 μmol m^2 s^{-1}. Para valores mayores a 40°C se presentó una disminución en la tasa fotosintética, a temperatura superior a 44°C la tasa fotosintética no superó los 2.5 μmol m^2 s^{-1} (Figura 45).

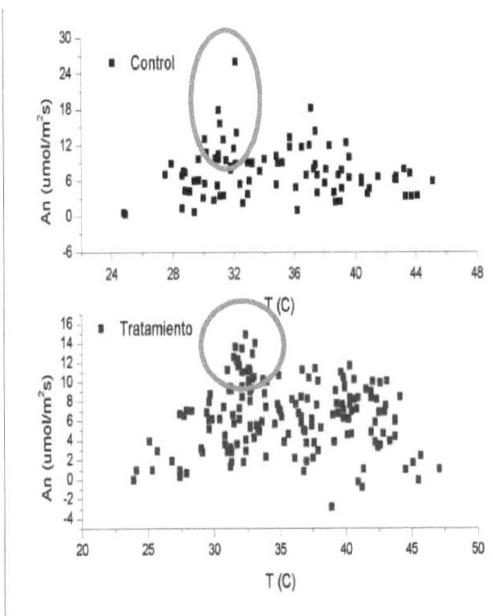

Figura 45. Temperatura óptima asociada a la tasa fotosintética para grupos de control y tratamiento.

El comportamiento mostrado está en concordancia con el modelo descrito por Fitter & Hay (2001), donde plantean que el incremento en la temperatura de la planta afecta procesos bioquímicos en dos formas diferentes, el aumento en la temperatura favorece el incremento en los procesos reactivos, debido al incremento en la energía cinética en las moléculas, que se traduce en un incremento en las tasas de reacciones químicas que favorecen los procesos de fotosíntesis. Por otra parte, las reacciones que intervienen en el proceso son catalizadas por enzimas cuya actividad depende de su estructura tridimensional. Si la temperatura aumenta de cierto umbral, el movimiento producido entre y dentro de las moléculas afecta la estructura tridimensional de las enzimas reduciendo su actividad y sus tasas de reacción. La respuesta fotosíntesis-temperatura puede variar entre diferentes especies vegetales, en la mayoría de especies la fotosíntesis se inhibe completamente por debajo de 0°C y por encima de 40°C, y presentan las mayores tasas entre 20°C y 35°C (Fitter & Hay, 2001). Los resultados mostraron que, aunque la tasa fotosintética a temperatura foliar mayor a 40°C disminuyó notablemente para la especie *He*, tanto en el grupo de tratamiento como de control, se mantuvo superior a 0, se puede concluir entonces, que la temperatura foliar es un factor limitante y que inhibe parcialmente la tasa fotosintética en el rango de temperatura foliar estudiado 24°C a 47°C. El hábitat natural, de la especie *He*, comúnmente se encuentra en el estrato arbustivo del sotobosque en zonas entre radiación directa del sol y semi-sombra, donde, la temperatura ambiental está regulada por el sombrío que proporcionan otras especies, condiciones que pueden favorecer la regulación de la temperatura foliar evitando el efecto de inhibición en la tasa fotosintética.

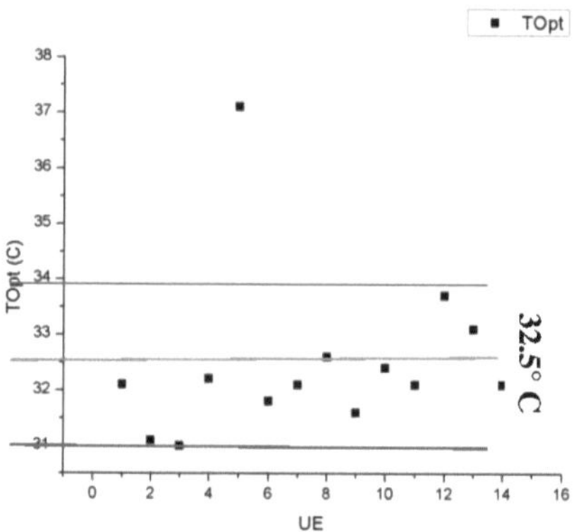

Figura 46. Temperatura asociada a la máxima tasa de fotosíntesis de cada unidad experimental en estudio.

Tomando la temperatura foliar asociada al evento de mayor tasa de fotosíntesis de cada UE se encontró que, a excepción de la UE 5, todos los demás individuos tuvieron temperaturas alrededor de 32.5 °C, los datos presentaron un coeficiente de variación de 4.6% equivalente a 1.47°C (Figura 46). Este resultado puede sugerir que, si se mantienen las condiciones ambientales adecuadas para mantener la temperatura foliar alrededor de este valor medio, es posible favorecer la fijación de CO_2 y con esto eventualmente favorecer la mayor producción de biomasa, aspecto fundamental en los sistemas de fitorremediación (Wang et al., 2017). Los resultados muestran que la toxicidad por mercurio no afectó el valor de temperatura óptima asociado a la tasa fotosintética de la especie *He*. Temperaturas óptimas asociadas a altas tasas fotosintéticas han sido reportadas en estudios anteriores en cultivos de arroz, Xue et al. (2016) encontraron coeficientes de determinación de $r_{x,y}^2 = 0.78$ aplicando modelos polinomiales para relacionar las variables de fotosíntesis y temperatura foliar, los modelos mostraron que existen unas temperaturas determinadas en hoja para las cuales existe fotosíntesis máxima. Lin et al. (2012) sugieren que la relación temperatura foliar-fotosíntesis puede afectarse por condiciones climáticas como el déficit de presión de vapor VPD, que a su vez es función de variables como humedad relativa y temperatura ambiente. El comportamiento de las variables descritas y sus interrelaciones evidencian la complejidad de la homeostasis de las especies vegetales, donde un conjunto de fenómenos, principalmente de intercambio de materia y energía con el ambiente, ocurren en la búsqueda de la auto-regulación para mantener un equilibrio dinámico.

6.3.3 Temperatura foliar y déficit de presión de vapor

Se encontró una correlación positiva entre el VPD y la temperatura foliar, con una aproximación exponencial, con coeficiente de determinación $r_{x,y}{}^2 = 0.85$ (Figura 47). Los resultados, en la sección 6.1.2.4, mostraron que un rango óptimo de VPD estaba asociado a conductancias estomáticas entre, aproximadamente, $150\,\text{mmol m}^{-2}\,\text{s}^{-1}$ y $700\,\text{mmol m}^{-2}\,\text{s}^{-1}$. Para este rango de VPD, se determinó que la temperatura foliar se encuentra entre 31°C y 34°C. Este rango de temperatura es muy semejante al rango de temperatura donde se obtuvo la mayor actividad fotosintética de las UE (Figura 46). Con lo anterior, se puede asegurar que el rango de temperatura foliar óptima está relacionado con las variables ambientales, en particular el parámetro VPD tal como lo sugieren Lin et al. (2012). Además, los resultados mostraron que el rango de VPD óptimo para la especie *He*, que favorece la conductancia estomática de la planta, está asociado con el rango de temperatura óptima que favorece la tasa fotosintética.

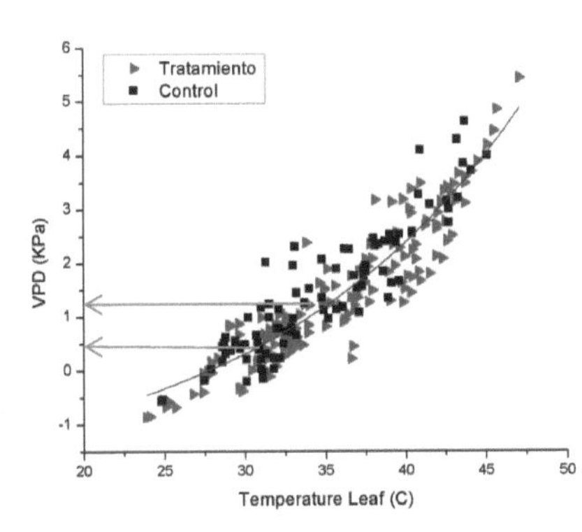

Figura 47. Relación entre déficit de presión de vapor y temperatura foliar.

Los resultados están en concordancia con estudios anteriores donde se afirma que existe un rango óptimo de VPD y temperatura foliar que favorece la fotosíntesis y el desarrollo de la planta. Lu et al. (2015) mostraron que al mantener el VPD en un rango adecuado incrementaban la conductancia estomática de la especie *Solanum lycopersicum* y favorecían la tasa de fotosíntesis, finalmente demostraron que incrementaban, en promedio, la cantidad de biomasa generada y la producción en un 17.3% y 12.3% respectivamente. En un experimento de ambiente controlado en invernadero *Phytotron*, Sermons et al. (2017) encontraron que existía correlación positiva entre VPD y temperatura foliar de la especie *Festuca arundinacea*. Al someter unidades experimentales a tres diferentes temperaturas 22°C, 26°C y 30°C, encontraron que se produjo un incremento de biomasa para las plantas sometidas a mayor temperatura, sin embargo, cuando el VPD de las plantas sometidas a la más alta temperatura (30°C) superó por 1kPa al VPD asociado a las plantas sometidas a 26°C, la producción de biomasa fue contraria al aumento de temperatura. Estos resultados están relacionados con los expuestos ya que reafirman el hecho de que existe una dependencia entre la fotosíntesis, la generación de biomasa y la temperatura, sin embargo, las variables ambientales, y en particular el déficit de presión de vapor puede limitar esas características ya que existen rangos de VPD que no favorecen el intercambio de gases en la planta limitando así los procesos fotosintéticos.

6.3.4 Temperatura foliar a partir de imagen termográfica

Las imágenes termográficas tomadas a las especies vegetales proporcionan información con alta resolución espacial. Se calculó el histograma de temperaturas asociado a una región de interés ROI de cada imagen térmica para obtener la temperatura representativa de una zona. Los histogramas mostraron que es posible identificar el rango de temperaturas asociado a una hoja determinada o a la planta en general (Figura 48). Con el fin de manipular, modificar y procesar las imágenes termográficas se desarrolló un Software especializado multiplataforma implementado en C++ llamado *Thermal_IndexV1.0*. El software permite seleccionar una ROI donde se calcula el histograma de temperaturas y el valor más frecuente de la región seleccionada. En la Figura 48, la región rectangular en blanco representa la ROI de procesamiento. La temperatura foliar estimada, como se describió, se usó para determinar si existe correlación con la temperatura foliar medida con el equipo de intercambio de gases CI-340, además se usó para estimar de manera puntual los índices térmicos IG y CWSI. Para el cálculo de los índices térmicos en imágenes se usó la información de temperatura de cada pixel de la imagen

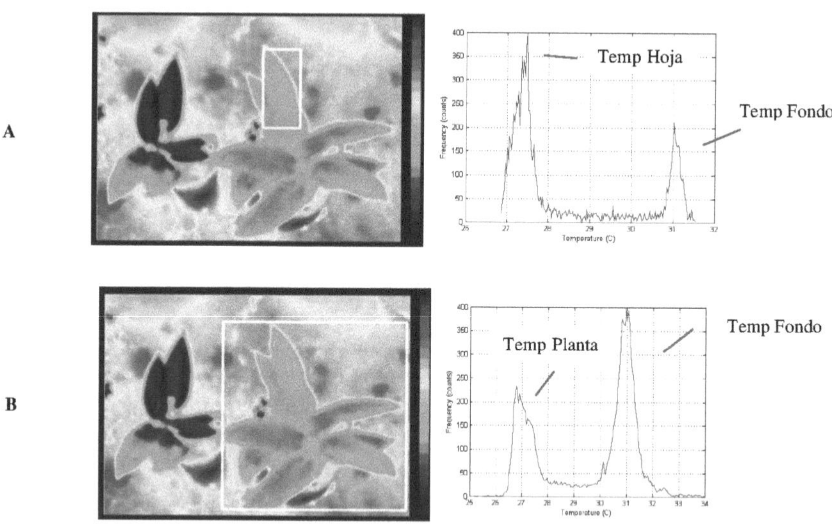

Figura 48. Imagen termográfica de *He* e histograma de temperaturas. A. Imagen termográfica en pseudocolor e histograma de la hoja. B. Imagen termográfica en pseudocolor e histograma de la planta.

Los índices térmicos se basan en la temperatura foliar y dos temperaturas de referencia *Twet* y *Tdry*. Según el modelo físico de conductancia estomática la temperatura *Tdry* se obtiene cuando la conductancia estomática es 0, o lo que es equivalente, la resistencia estomática es infinita (Jones, 1999). En este estudio se usó como referencia de tejido seco *Tdry=Tair+5°C* (Mangus et al., 2016; Rud et al., 2014). Otras opciones para seleccionar la temperatura de tejido seco son: cubrir con vaselina el tejido foliar antes de realizar las medidas o usar un material especial que simule una superficie seca sin evaporación (Leinonen & Jones, 2004; Gómez-Bellot et al., 2015). Por otra parte, la referencia de tejido húmedo se obtuvo rociando con agua una hoja de referencia (Fuentes et al., 2012). La temperatura más representativa de la hoja de referencia se estimó usando el máximo de la distribución de frecuencias, Figura **49**.

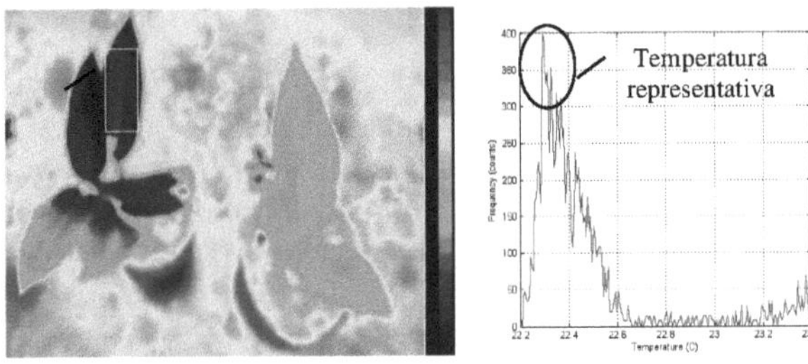

Figura 49. A. Imagen termográfica UE y planta de referencia. B. Histograma de la ROI de la hoja de referencia de tejido húmedo.

6.3.5 VPD a partir de temperatura foliar medida en imágenes termográficas

El parámetro déficit de presión de vapor se puede estimar a partir de la presión de vapor de saturación del aire y de la hoja usando, principalmente, tres variables: temperatura ambiente, temperatura foliar y humedad relativa (CID Bio-Science, 2011; Clifton-Brown & Jones, 1999). A partir de datos de temperatura ambiente y humedad relativa tomados de la estación *DAVIS Vantage Plus2,* instalada en la zona de experimentación, y usando la cámara termográfica para estimar la temperatura foliar de las plantas, se calculó el parámetro VPD. Los resultados mostraron que el VPD estimado con la cámara térmica y el medido por el equipo CI-340 presentaron un coeficiente de correlación lineal $r_{x,y} = 0.91$, por lo tanto, es posible afirmar que, usando la cámara termográfica FLIRE40, se puede estimar exitosamente el parámetro VPD. Se encontró también que la relación entre VPD estimado con la cámara termográfica y conductancia estomática medida con el equipo de intercambio gaseoso fue inversa y no lineal, similar a la obtenida en la sección 6.1.2.4, con coeficiente de determinación $r_{x,y}^{2} = 0.55$ (Figura 50).

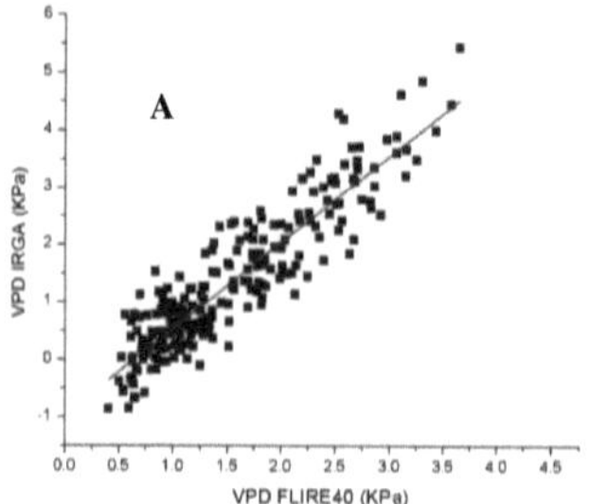
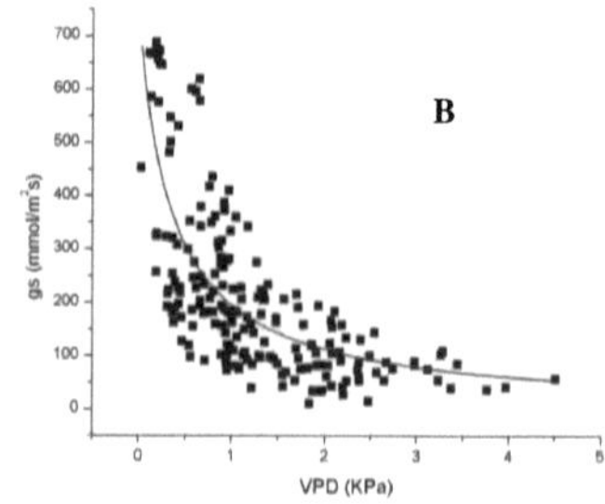

Figura 50. A. Relación entre VPD medido con equipo CI-340 y VPD estimado a partir de cámara termográfica y estación meteorológica. B. Conductancia estomática (CI-340) vs VPD (FLIRE40).

Los resultados demuestran que la medida de temperatura de la planta, usando una cámara termográfica, puede proporcionar una estimación, no sólo de la temperatura foliar de la especie vegetal, sino también de la fuerza asociada a la perdida de agua de la planta representada por la variable VPD, también proporciona información sobre la conductancia estomática de la planta, y es posible tener una idea sobre si la temperatura foliar está en el rango que favorece las mayores tasas fotosintéticas asociadas al desarrollo y generación de biomasa de la especie vegetal. Todos los anteriores son beneficios que proporciona la técnica de imágenes térmicas con la ventaja adicional de que es una técnica remota no invasiva ni destructiva.

6.3.6 Índices térmicos CWSI e IG

Usando la técnica de histogramas de temperatura, a partir de las imágenes térmicas, se estimaron los índices térmicos de estrés hídrico (CWSI) y conductancia estomática (IG), usando las ecuaciones (13) y (14). Los resultados mostraron que los índices térmicos IG y CWSI no presentaron diferencias significativas entre los grupos de control y tratamiento con Hg ($p < 0.1$) (Tabla 21). En estudios anteriores se han usado los índices térmicos para identificar déficit hídrico en especies vegetales (Egea et al., 2017; Santesteban et al., 2017; Gonzalez-Dugo et al., 2014; Gómez-Bellot et al., 2015). Si bien la toxicidad por Hg puede producir estrés hídrico (Patra et al., 2004), la dosis aquí utilizada no causó un déficit hídrico lo suficientemente alto para ser detectado usando los índices térmicos CWSI e IG. Lo anterior está en concordancia con los resultados presentados por Madera et al. (2014), donde, ante una concentración de Hg igual, se encontró que la especie *He* presentó estrés hídrico moderado y tolerancia ante la toxicidad por el MP.

Tabla 21. Análisis de varianzas para índices térmicos IG y CWSI para grupos de control y tratamiento.

Tiempo (horas)	Avg IG		Avg CWSI		p-valor IG-CWSI
	C	T	C	T	
0	1.03 [a]	1.12 [a]	0.49 [a]	0.47 [a]	0.395
168	1.45 [a]	1.53 [a]	0.41 [a]	0.40 [a]	0.588
576	0.64 [a]	0.74 [a]	0.61 [a]	0.59 [a]	0.536
744	1.17 [a]	1.27 [a]	0.49 [a]	0.45 [a]	0.938
1200	1.35 [a]	2.21 [a]	0.44 [a]	0.36 [a]	0.354
1536	1.59 [a]	2.42 [a]	0.40 [a]	0.31 [a]	0.315
2280	1.75 [a]	1.94 [a]	0.36 [a]	0.38 [a]	0.537

Por otra parte, los resultados mostraron que existe una relación lineal entre la conductancia estomática gs y el índice IG con coeficiente de determinación $r_{x,y}^{2} = 0.74$. Se encontró un modelo de predicción de la conductancia estomática a partir de una regresión lineal entre gs e IG ($gs = 152.525 \times IG + 31.867$). El índice IG varió entre (0.042 y 4.47) en el rango de conductancia estomática (14.9 mmol m^{-2} s^{-1}, 672.2 mmol m^{-2} s^{-1}). Los resultados están en concordancia con el modelo teórico de conductancia estomática basado en balance de energía, donde la diferencia entre la temperatura foliar y del aire tiene relación con la resistencia total de la hoja a perder vapor de agua (Jones, 1999). La solución a la ecuación de balance de energía resulta en una relación entre la conductancia estomática gs y el índice de conductancia estomática $IG = gs(r_{aw} + (^{S}/_{\gamma})r_{HR})$, donde r_{aw} es la resistencia de la capa límite al vapor de agua, s la pendiente de la curva que relaciona el VPD con la temperatura, γ la constante psicrométrica y r_{HR} el paralelo entre la resistencia al calor y a la transferencia radiativa. De acuerdo con el modelo, si todos los factores se mantienen constantes, existe una relación lineal entre IG y gs (Leinonen & Jones, 2004), Figura 51A. Los resultados muestran que un valor de índice IG alto se produce cuando la temperatura foliar tiende a los valores de la temperatura de tejido húmedo $Twet$ y se aleja de los valores de temperatura de tejido seco $Tdry$, hecho que se asocia a mayores valores de conductancia estomática. De acuerdo con el modelo físico, una temperatura foliar cercana a la temperatura de referencia $Twet$ está relacionada con valores de resistencia estomática cercanos a cero (Jones, 1999).

El índice CWSI no es linealmente independiente del índice IG, es decir que uno de ellos se puede expresar en términos del otro, y de alguna forma, puede parecer información redundante, sin embargo, el hecho de que tengan una relación inversa entre si puede ser útil para hacer interpretaciones eventualmente más claras de los resultados. Los resultados mostraron que la relación entre la conductancia estomática y el índice CWSI fue no lineal e inversa, con coeficiente de determinación $r_{x,y}^{2} = 0.73$.

Aplicando una regresión alométrica se generó un estimador para la conductancia estomática $gs = 69.229 \times CWSI^{-1.387}$. El índice CWSI varío entre (0.18 y 0.96), los valores cercanos a cero están relacionados con alta conductancia estomática (Figura 51B).

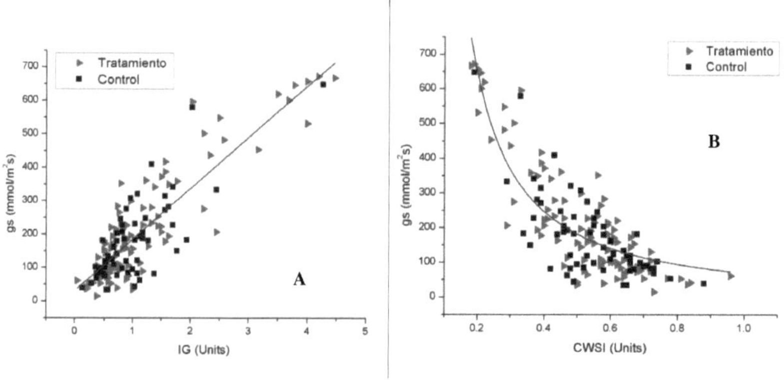

Figura 51. Relación entre conductancia estomática e índices térmicos. A. Conductancia estomática vs IG. B. Conductancia estomática vs CWSI.

Estudios realizados anteriormente han reportado resultados similares en otras especies vegetales. En un estudio realizado con la especie *Vicia faba L.* Leinonen & Jones (2004) encontraron correlación lineal de IG y *gs* con $r_{x,y}^2 = 0.69$, y correlación no lineal de CWSI y *gs* con $r_{x,y}^2 = 0.86$, obtuvieron mejor ajuste a la regresión lineal con IG para valores de conductancia estomática menores a 400 mmol m^{-2} s^{-1}. Algunos autores como Egea et al. (2017), Zarco-Tejada et al. (2013) y Maes et al. (2011) han presentado regresión lineal entre el índice CWSI y *gs* ($r_{x,y}^2 = 0.91$, $r_{x,y}^2 = 0.77$ y $r_{x,y}^2 = 0.59$) en las especies vegetales *Olea europaea L, Vitis vinífera L y Jatropha curcas L* respectivamente, sin embargo, han estudiado la conductancia estomática en un rango menor al presentado en éste libro, lo cual puede explicar que no tengan necesidad de un modelo no lineal para la regresión.

6.3.7 Índices térmicos CWSI e IG en imágenes

Las imágenes termográficas permiten estimar los índices térmicos como imágenes donde cada pixel tiene asociado un valor de índice. La representación de las imágenes se realizó en escala de grises, donde un valor alto del índice térmico está asociado a un nivel de gris alto, cercano al blanco, y un valor bajo de índice térmico está asociado a un nivel de gris bajo cercano al negro. Las Figuras 52 y 53 muestran 12 imágenes de índice IG y CWSI de las unidades experimentales estudiadas con diferentes valores de conductancia estomática. En la parte inferior de cada imagen se muestra el índice térmico IG o CWSI, en la parte superior la conductancia estomática medida con el equipo CI-340. Los resultados de los índices térmicos en imágenes muestran que plantas con conductancia estomática baja son imágenes IG oscuras e imágenes CWSI claras, y lo contrario ocurre cuando la conductancia estomática de las plantas fotografiadas es alta. Se encontró un RMSE=36.4 mmol m^{-2} s^{-1} para el modelo de predicción de conductancia estomática basada en el índice IG y un RMSE=71.2 mmol m^{-2} s^{-1} para el modelo de predicción basado en el índice CWSI.

El error asociado al predictor basado en la regresión del índice CWSI es claramente mayor, esto se debe a que la no linealidad del modelo favorece el error en la regresión para los valores extremos, en particular para valores de conductancia estomática alta, debido a que la curva tiende a presentar un comportamiento asintótico. Eliminando los valores extremos en los datos de validación del predictor se encontró que los errores RMSE para el índice IG y CWSI fueron más cercanos, 31.0 mmol m^{-2} s^{-1} y 38.9 mmol m^{-2} s^{-1} respectivamente.

Las imágenes muestran que no todas las hojas en una misma planta presentan el mismo valor de índice térmico y por consiguiente no presentarán el mismo valor de predicción de gs, esto se puede atribuir a zonas expuestas con diferentes ángulos a la radiación, zonas de sombras, oclusiones, etc. En principio las medidas térmicas en imágenes asumen superficies Lambertianas que permiten despreciar los efectos del ángulo de incidencia de la radiación (Jones, 2004), sin embargo, en la práctica no siempre se cumple esta suposición.

Figura 52 Índice de conductancia estomática IG en imágenes. Conductancia estomática medida vs conductancia estomática estimada con modelo de regresión.

Figura 53. Índice de estrés hídrico CWSI en imágenes. Conductancia estomática medida vs conductancia estomática estimada con modelo de regresión.

Partiendo de la información térmica se encontraron dos modelos de estimación, tomados cada uno de la regresión entre *gs* y los índices térmicos IG y CWSI, se mostró, además, sección 6.3.5, que existe una relación entre *gs* y parámetros ambientales como el VPD. Con el fin de unificar los modelos de predicción e incluir las variables ambientales que afectan la conductancia estomática, se desarrolló un predictor basado en redes neuronales con funciones de base radial RBF. El predictor RBF tiene una arquitectura 4-141-1 (4 neuronas en la capa de entrada, 141 neuronas en la capa oculta, 1 neurona en la capa de salida) (Figura 54A). El predictor tiene como entradas las variables: Temperatura foliar, Temperatura ambiente, IG, VPD y tiene como salida la predicción de la conductancia estomática en unidades de mmol m^{-2} s^{-1}. Para el entrenamiento de la red neuronal se utilizó el 70% de los datos y el 30% restante como prueba de validación. El predictor basado en RBF presentó un RMSE=29.6 mmol m^{-2} s^{-1}, error menor al obtenido con los predictores basados en regresión lineal de cada índice térmico. El coeficiente de determinación entre la conductancia estomática medida y estimada fue $r_{x,y}^2 = 0.96$, y la pendiente de la regresión 1.09 (mmol m^{-2} s^{-1} estimado)/(mmol m^{-2} s^{-1} medido), Figura 54B, lo cual muestra que es posible, usando un clasificador basado en RBF, predecir la conductancia estomática de la especie *He* a partir de los parámetros Thoja, Taire, IG y VPD, en las condiciones ambientales de la zona de experimentación.

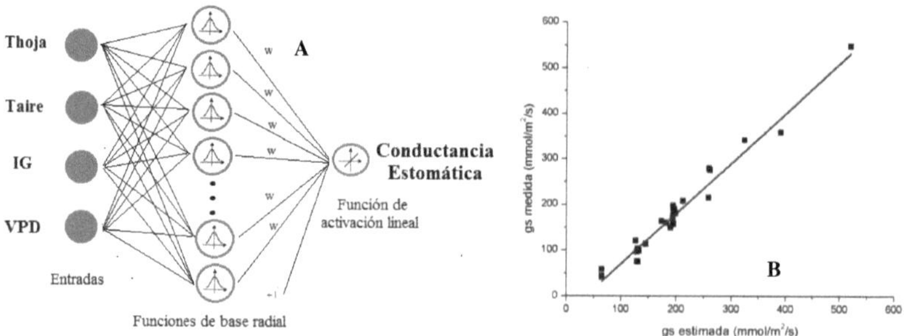

Figura 54. A. Arquitectura del predictor de gs basado en RBF. B. Conductancia estomática medida vs estimada con el predictor RBF.

7. CONCLUSIONES

Los parámetros contenido de clorofila, máxima actividad fotosintética, fijación promedio de CO_2 y producción de hojas, fueron menores para plantas de la especie *Heliconia Psittacorum* expuestas a una dosis de mercurio, en el rango de efluentes mineros o lixiviados provenientes de rellenos sanitarios, en un ambiente saturado de agua, comparados con los valores para plantas que no estuvieron expuestas al metal. Por lo tanto, el Hg en las concentraciones estudiadas tuvo efectos tóxicos sobre la especie *He*. Sin embargo, las plantas expuestas al metal pesado no dejaron de realizar procesos fotosintéticos y producción de biomasa.

La eficiencia cuántica fotoquímica de los individuos de *He* sometidos a Hg disminuyó significativamente entre las horas 96 y 168 después de iniciar la dosificación del metal, luego de este tiempo, la eficiencia fotoquímica se reestableció a valores típicos de una planta sana. Este hecho mostró que las plantas sometidas a estrés por Hg lograron pasar de la fase de alarma a una fase de resistencia donde su metabolismo se reacomodó para las nuevas condiciones ambientales.

La especie *He* mostró ser acumuladora de Hg, se encontraron concentraciones del metal entre 3.96 mg Kg^{-1} y 5.93 mg Kg^{-1}. Además, la especie mostró capacidad de movilizar el metal pesado hacia los tejidos aéreos con un factor de translocación, aproximadamente, de uno. Hecho que resulta ventajoso en una especie remediadora debido a que mediante poda se puede eliminar cerca del 50% del mercurio capturado por la planta.

Las técnicas espectrales ópticas correlacionaron positivamente con el contenido de clorofila SPAD con $r_{x,y}= 0.84$. A partir de la información espectral se mostró que los clasificadores basados en redes neuronales con funciones de base radial son buenos predictores del contenido de clorofila (RMSE=3.88). Dentro de los índices y parámetros espectrales estudiados (NDVI, GNDVI, PRI, VOG1, NDRE), los índices GNDVI y VOG1 fueron los que presentaron más altas correlaciones lineales con el contenido de clorofila ($r_{x,y}= 0.83$ y $r_{x,y}= 0.84$, respectivamente).

En la estimación del contenido de clorofila, las imágenes espectrales, en el rango visible e infrarrojo cercano, permitieron obtener mayor resolución espacial que las técnicas convencionales, ya que fue posible generar imágenes de índices que permitieron visualizar el contenido de clorofila en diferentes zonas de la hoja simultáneamente, favoreciendo el estudio de la distribución del contenido de clorofila en la hoja con mayor detalle. mediante el uso de herramientas como la distribución en frecuencias.

Se encontró que existe una temperatura foliar para la cual se favorece la tasa fotosintética de la especie *He*, esta temperatura óptima, en las condiciones ambientales de estudio, es en promedio 32.5 °C con coeficiente de variación de 4.6% equivalente a 1.47°C. La toxicidad por Hg no afectó el valor de la temperatura óptima, y se comprobó que dicha variable está relacionada con las condiciones ambientales, en particular con el VPD. Se mostró que mantener las variables temperatura foliar y VPD en los rangos óptimos favorece la actividad fotosintética lo cual está asociado a la tasa de producción de biomasa, componente fundamental en la escogencia de especies vegetales en procesos de fitorremediación.

Los índices térmicos estimados a partir de imágenes (CWSI e IG) mostraron tener correlación con la conductancia estomática gs ($r_{x,y}{}^2 = 0.73$ y $r_{x,y}{}^2 = 0.74$ respectivamente). Los modelos de regresión fueron buenos predictores de la conductancia estomática (RMSE=31.0 mmol m^{-2} s^{-1} para el modelo basado en IG y RMSE=38.9 mmol m^{-2} s^{-1} para el modelo basado en CWSI). Un modelo de red neuronal basado en los índices térmicos y variables ambientales mostró ser mejor predictor de la conductancia estomática (RMSE=29.6 mmol m^{-2} s^{-1}, $r_{x,y}{}^2 = 0.96$) que los modelos típicos basados en la regresión lineal de cada índice térmico de manera separada.

El uso de imágenes e información termográfica permitió la estimación no sólo de la temperatura foliar de la especie vegetal, sino también del gradiente asociado a la perdida de agua de la planta, representado por la variable VPD. A su vez, proporcionó información sobre la conductancia estomática de la planta (a través de los índices térmicos CWSI e IG), y fue posible tener una idea sobre sí la temperatura foliar estuvo en el rango que favorece las mayores tasas fotosintéticas asociadas al desarrollo y generación de biomasa de la especie vegetal. Todos los anteriores son beneficios que proporciona la técnica de imágenes térmicas con la ventaja adicional de que es una técnica remota no invasiva ni destructiva cuyos resultados se obtienen ágilmente.

8. REFERENCIAS

Ahmad, W., Najeeb, U. & Hussain Zia, M., 2015. Soil Contamination with Metals: Sources, Types and Implications. In: Soil Remediation and Plants - Prospects and Challenges. s.l.: Khalid Hakeem, Muhammad Sabir, Munir Ozturk and Ahmet Murmet, pp. 37-61.

Akıncı, Ş. & Lösel, D., 2012. Plant Water-Stress Response Mechanisms. En: *Water Stress.* s.l.:InTech, pp. 16-30.

Alchanatis, V. et al., 2007. Use of thermal and visible imagery for estimating crop water status of irrigated grapevine. *Journal of Experimental Botany 58 (4),* p. 827–838.

Arevalo, V., González-Jiménez, J. & Ambrosio, G., 2004. *Corrección Geométrica de Imágenes de Satélite de Distinta Resolución.* Murcia, España, s.n.

Arias, C. & Brix, H., 2003. Humedales artificiales para el tratamiento de aguas residuales. *Revista Ciencia e Ingeniería Neogranadina 13,* pp. 17-24.

Arias, S. y otros, 2010. Fitorremediación con humedales artificiales para el tratamiento de aguas residuales porcinas. *Informador Técnico (Colombia) 74,* pp. 12-22.

Arvidsson, S., Paulino, P.-R. & Mueller-Roeber, B., 2011. A growth phenotyping pipeline forArabidopsis thalianaintegrating image analysis and rosette area modeling forrobust quantification of genotype effects. *New Phytologist 191,* p. 895–907.

Ascuntar, T. & Toro, V., 2007. *Estudio del comportamiento hidrodinámico de humedales de flujo subsuperficial para el tratamiento de aguas residuales domésticas,* Cali-Colombia: Universidad del Valle.

Augustynowicz, J. et al., 2010. Chromium(VI) bioremediation by aquatic macrophyteCallitriche cophocarpaSendtn. *Chemosphere 79,* pp. 1077-1083.

Barbedo, J., 2016. A review on the main challenges in automatic plant disease identification based on visible range images. *biosystems engineering 144 ,* pp. 52-60.

Bellvert , J., Zarco-Tejada, P., Girona, J. & Fereres, E., 2014. Mapping crop water stress index in a 'Pinot-noir' vineyard: comparing ground measurements with thermal remote sensing imagery from an unmanned aerial vehicle. *Precision Agriculture 15,* pp. 361-376.

Belouchrani, A. S. et al., 2016. Phytoremediation of soil contaminated with Zn using Canola(Brassica napus L). *Ecological Engineering 95 ,* pp. 43-49.

Ben-Gal, A. et al., 2009. Evaluating water stress in irrigated olives: correlation of soil water status, tree water status, and thermal imagery. *Irrigation Science 27 (5),* pp. 367-376.

Blackburn, G. A., 2007. Hyperspectral remote sensing of plant pigments. *Journal of Experimental Botany58(4),* pp. 855-867.

Boening, D. W., 2000. Ecological effects, transport, and fate of mercury: a general review. *Chemosphere 40 (12),* pp. 1335-1351.

Buzug, T., 2006. Skin-tumour classification with functional infrarred imaging. *8th IASTED International Conference on Signal and Image Processing ,* pp. 313-322.

Calao, C. R. & Marrugo, J. L., 2015. Efectos genotóxicos asociados a metales pesados en una población humana de la región de La Mojana, Colombia, 2013. *Biomédica 35 (2),* pp. 139-151.

Calderón, R., Navas-Cortés, J., Lucena, C. & Zarco-Tejada, P., 2013. High-resolution airborne hyperspectral and thermal imagery for early detectionofVerticilliumwilt of olive usingfluorescence, temperature and narrow-band spectral indices. *Remote Sensing of Environment 139,* pp. 231-245.

Cárdenas-Hernández, J. F., Moreno, L. P. & Magnitskiy, S., 2009. Efecto del mercurio sobre el transporte del agua en plantas. Una revisión. *Revista Colombiana de Ciencias Hortícolas 3(2),* pp. 250-261.

Casierra-Posada, F. & Poveda, J., 2005. La toxicidad por exceso de Mn y Zn disminuye la producción de materia seca, los pigmentos foliares y la calidad del fruto en fresa (Fragaria sp. cv. Camarosa). *Agronomía Colombiana 23(2),* pp. 283-289.

Caturegli, L. et al., 2015. Spectral Reflectance of Tall Fescue (Festuca Arundinacea Schreb.) Under Different Irrigation and Nitrogen Conditions. *Agriculture and Agricultural Science Procedia 4,* pp. 59-67.

Chaerle, L. et al., 1999. Presymptomatic visualization of plant-virus interactions by thermography.. *Nature biotechnology 17 (8)*, pp. 813-816.

Chaerle, L. & Van Der Straeten, D., 2000. Imaging techniques and the early detection of plant stress. *Trends in Plant Science 5(11)*, p. 495–501.

Chehregani, A., Noori, M. & Yazdi, H. L., 2009. Phytoremediation of heavy-metal-polluted soils: Screening for new accumulator plants in Angouran mine (Iran) and evaluation of removal ability. *Ecotoxicology and Environmental Safety 72*, pp. 1349-1353.

Chen, F., Wang, F., Zhang, G. & Wu, F., 2008. Identification of Barley Varieties Tolerant to Cadmium Toxicity. *Biological Trace Element Research 121 (2)*, p. 171–179.

Chen, F. et al., 2015. Physiological responses and accumulation of heavy metals and arsenic of Medicago sativa L. growing on acidic copper mine tailings in arid lands. *Journal of Geochemical Exploration 157*, pp. 27-35.

Cheng, S. et al., 2017. Temporal variations in physiological responses ofKandelia obovataseedlings exposed to multiple heavy metals. *Marine Pollution Bulletin.*

Chen, H. y otros, 2012. Canopy Spectral Reflectance Feature and Leaf Water Potential of Sugarcane Inversion. *Physics Procedia 25*, pp. 595-600.

Cho, M. A. & Skidmore, A. K., 2006. A new technique for extracting the red edge position from hyperspectral data: The linear extrapolation method. *Remote Sensing of Environment 101*, pp. 181-193.

CID Bio-Science, 2011. *CI-340 Bio-Science Handheld Photosynthesis System Instruction Manual*, USA: CID.

Clevers, J. & Gitelson, A., 2013. Remote estimation of crop and grass chlorophyll and nitrogen content using red-edge bands on Sentinel-2 and -3. *International Journal of Applied Earth Observation and Geoinformation 23*, pp. 344-351.

Clifton-Brown, J. & Jones, M., 1999. Alteration of transpiration rate, by changing air vapour pressure deficit, influences leaf extension rate transiently inMiscanthus. *Journal of Experimental Botany 50 (337)*, pp. 1393-1401.

Cortes, A. et al., 2013. *Eliminación de DQO, Nitrógeno Nitrógeno (TKN, NH4, NO3) y Cr (VI) en humedales construidos con policultivos tratando lixiviados de rellenos sanitarios a escala piloto.* Sao Pablo, Brasil, s.n.

Corti, M., Gallina, P. M., Cavalli, D. & Cabassi, G., 2017. Hyperspectral imaging of spinach canopy under combined water and nitrogen stress to estimate biomass, water, and nitrogen content. *Biosystems Engineering 158,* pp. 38-50.

CRC, 2007. *Contaminación por mercurio y otros distrito minero de Buenos Aires Cauca,* Popayán: Corporación Autónoma Regional del Cauca.

de Jong, S. M., Addink, E. A., Hoogenboom, P. & Nijland, W., 2012. The spectral response ofBuxus sempervirensto different types of environmental stress – A laboratory experiment. *ISPRS Journal of Photogrammetry and Remote Sensing 74,* pp. 56-65.

Delegido, J. et al., 2015. Estimación de la clorofila de los cultivos de la huerta valenciana a partir de imágenes Landsat 8. *Teledetección: Humedales y Espacios Protegidos. XVI Congreso de la Asociación Española de Teledetección,* pp. 40-43.

Dian, Y. et al., 2016. Influence of Spectral Bandwidth and Position on Chlorophyll Content Retrieval at Leaf and Canopy Levels. *Journal of the Indian Society of Remote Sensing 44 (4),* pp. 583-593.

Dirilgen, N., 2011. Mercury and lead: Assessing the toxic effects on growth and metal accumulation by Lemna minor. *Ecotoxicology and Environmental Safety 74 (1),* pp. 48-54.

Duursma, R. A. et al., 2014. The peaked response of transpiration rate to vapour pressure deficit in field conditions can be explained by the temperature optimum of photosynthesis. *Agricultural and Forest Meteorology 189–190,* pp. 2-10.

Egea, G. et al., 2017. Assessing a crop water stress index derived from aerial thermal imaging and infrared thermometry in super-high density olive orchards. *Agricultural Water Management 187,* pp. 210-221.

Elvanidi, A. y otros, 2017. Crop water status assessment in controlled environment using crop reflectance and temperature measurements. *Precision Agriculture,* pp. 1-18.

Erazo, O., 2016. *Determinación de propiedades químicas del suelo,* Cali, Colombia: Universidad del Valle.

Fan, D.-x.et al., 2014. Prediction of chlorophyll a concentration using HJ-1 satellite imagery for Xiangxi Bay in Three Gorges Reservoir. *Water Science and Enginnering 7 (1)*, pp. 70-80.

Farifteh, J., Struthers, R., Swennen, R. & Coppin, P., 2013. Plant spectral and thermal response to water stress induced by regulated deficit irrigation. *International Journal of Geosciences and Geomatics 1 (1)*, pp. 17-22.

Fernández, M., 2006. Changes in photosynthesis and fluorescence in response to flooding in emerged and submerged leaves of Pouteria orinocoensis. *Photosynthetica 44 (1)*, pp. 32-38.

Fernández, S. et al., 2017. Phytoremediation capability of native plant species living on Pb-Zn and Hg-As mining wastes in the Cantabrian range, north of Spain. *Journal of Geochemical Exploration 174*, pp. 10-20.

Ferri, C. P., Formaggio, A. R. & Schiavinato, M. A., 2004. Narrow band spectral indexes for chlorophyll determination in soybean canopies [Glycine max (L.) Merril]. *Brazilian Journal of Plant Physiology 16(3)*, pp. 131-136.

Filella, I. & Peñuelas, J., 1994. The red edge position and shape as indicators of plant chlorophyll content, biomass and hydric status. *International Journal of Remote Sensing 15 (7)*, pp. 1459-1470.

Fitter, A. & Hay, R., 2001. *Environmental Physiology of Plants 3Ed.* London, UK: Academic Press.

Flexas, J. et al., 2013. Diffusional conductances to CO2 as a target for increasing photosynthesis and photosynthetic water-use efficiency. *Photosynthesis Research 117 (1-3)*, pp. 45-59.

Font, R. et al., 2004. Use of near-infrared spectroscopy for determining the total arsenic content in prostrate amaranth. *Science of the Total Environment 327*, pp. 93-104.

Fuentes, S., De Bei, R., Joanne, P. & Tyerman, S., 2012. Computational water stress indices obtained from thermal image analysis of grapevine canopies. *Irrigation Science 30 (6)*, pp. 523-536.

Galambosova, J., Zivcak, M., Rataj, V. & Olsovska, K., 2014. Comparison of Spectral Reflectance and Multispectrally Induced Fluorescence to Determine Winter Wheat Nitrogen Deficit. *Advanced Materials Research 1059*, pp. 127-133.

Gamon, J., Peñuelas, J. & B Field, C., 1992. A Narrow - Waveband Spectral Index That Tracks Diurnal Changes in Photosynthetic Efficiency. *Remote Sensing of Environment 41 (1)*, pp. 35-44.

Gasca, A., 2000. Environmental Exposure to Mercury in Gold Mining: Health Impact Assessment in Guainía Colombia. *Rev. Salud Pública 2 (3)*, pp. 233-250.

Gaspar, T. et al., 2002. Concepts in plant stress physiology. Application to plant tissue cultures. *Plant Growth Regulation 37*, p. 263–285.

Gates, R., Zolnier, S. & Buxton, J., 1998. Vapor Pressure Deficit Control Strategies for Plant Production. *IFAC Proceedings Volumes 31 (12)*, p. 271–276.

Genc, L. et al., 2013. Determination of water stress with spectral reflectance on sweet corn (Zea mays L.) using classification tree (CT) analysis. *Zemdirbyste-Agriculture 100 (1)*, pp. 81-90.

Gerhardt, K., Gerwing, P. & Greenberg, B., 2017. Opinion: Taking phytoremediation from proven technology to accepted practice. *Plant Science 256,* pp. 170-185.

Ge, Y., Bai, G., Stoerger, V. & Schnable, J. C., 2016. Temporal dynamics of maize plant growth, water use, and leaf water content using automated high throughput RGB and hyperspectral imaging. *Computers and Electronics in Agriculture,* pp. 625-632.

Ghnaya, A. B. et al., 2009. Physiological behaviour of four rapeseed cultivar(Brassica napusL.) submitted to metal stress. *Comptes Rendus - Biologies 332 (4)*, pp. 363-370.

Gómez-Bellot, M., Nortes, P. A., Sánchez-Blanco, M. & Ortuño, M. F., 2015. Sensitivity of thermal imaging and infrared thermometry to detect water status changes in Euonymus japonica plants irrigated with saline relcaimed water. *Biosystems Engineering 133,* pp. 21-32.

Gonzalez-Dugo, V., Zarco-Tejada, P. & Fereres, E., 2014. Applicability and limitations of using the crop water stress index as an indicator of water deficits in citrus orchards. *Agricultural and Forest Meteorology 198–199,* pp. 94-104.

Gosh, M., 2005. A review on phytoremediation of heavy metals and utilization of its byprodcuts. *Applied Ecology and Environmental Research 3 (1)*, pp. 1-18.

Govender, M. y otros, 2009. Review of commonly used remote sensing and ground-based technologies to measure plant water stress. *Water SA (35) 5*, pp. 741-752.

Gutiérrez, M., 2009. *Estimación del balance de nitrógeno en un humedal construido subsuperficial (microcosmos) plantado con Heliconia psittacorum para el tratamiento de aguas residuales domésticas,* Cali-Colombia: Universidad del Valle.

Haboudane, D. et al., 2004. Hyperspectral vegetation indices and novel algorithms for predicting green LAI of crop canopies: Modeling and validation in the context of precisionagriculture. *Remote Sensing of Environment 90,* pp. 337-352.

Haboudane, D. et al., 2002. Integrated narrow-band vegetation indices for prediction of crop chlorophyll content for application to precision agriculture. *Remote Sensing of Environment 81,* pp. 416-426.

Han, M. et al., 2016. Estimating maize water stress by standard deviation of canopy temperature in thermal imagery. *Agricultural Water Management 177,* pp. 400-409.

Hantson, S. et al., 2011. Cadena de pre-procesamiento estándar para las imágenes Landsat del Plan Nacional de Teledetección. *Revista de Teledetección 36,* pp. 51-61.

Hartley, R. & Zisserman, A., 2004. *Multiple View Geometry in Computer Vision 2nd Edition.* New York: Cambridge University Press.

Henry, J., 2000. *An Overview of the Phytoremediation of Lead and Mercury,* Washington DC, USA: National Network of Environmental Management Studies (NNEMS).

Herrera, A., Tezara, W., Marín, O. & Rengifo, E., 2008. Stomatal and non-stomatal limitations of photosynthesis in trees of a tropical seasonally flooded forest. *Physiologia Plantarum 134,* pp. 41-48.

Hooda, V., 2007. Phytoremediation of toxic metals from soil and waste water. *Journal of Environmental Biology 28 (2),* pp. 367-376.

Horler, D. N. H., Dockray, M., Barber, J. & Barringer, A. R., 1983. Red Edge Measurements for Remotely Sensing Plant Chlorophyll Content. *Advances in Space Research 3 (2),* pp. 273-277.

Hoyos-Villegas, V., Houxa, J., Singha, S. & Fritschi, F., 2015. Ground-Based Digital Imaging as a Tool to Assess Soybean Growth and Yield. *Crop Science 54 (4),* pp. 1756-1768.

Ibañez, V., 2009. *Análisis y diseño de experimentos.* Peru: Universidad Nacional del Altiplano Puno.

Idrovo, A. et al., 2001. Niveles de mercurio y percepción del riesgo en una población minera aurífera del Guainía (Orinoquía Colombiana). *Biomédican 21 (1),* pp. 134-141.

Isla, R. et al., 2011. *Utilización de imágenes áereas multiespectrales para evaluar la disponibilidad de nitrógeno en maiz.* Mieres, España, s.n., pp. 21-23.

Iyer-Pascuzzi, A. et al., 2010. Imaging and Analysis Platform for Automatic Phenotyping and Trait Ranking of Plant Root Systems. *Plant Physiology 152,* p. 1148–1157.

Jaramillo, D., 2002. *Introducción a la Ciencia del Suelo.* Medellin, Colombia: Universidad Nacional de Colombia - Facultad de Ciencias.

Jerez, E., 2007. El cultivo de las heliconias. *Cultivos Tropicales 28 (1),* pp. 29-35.

Jia, K. et al., 2014. Forest cover classification using Landsat ETM+ data and time series MODIS NDVI data. *International Journal of Applied Earth Observation and Geoinformation 33,* pp. 32-38.

Jones, H., 1999. Use of thermography for quantitative studies of spatial and temporal variation of stomatal conductance over leaf surfaces. *Plant, Cell and Environment 22,* pp. 1043-1055.

Jones, H. G., 2004. *Application of Thermal Imaging and Infrared Sensing in Plant Physiology and Ecophysiology.* Dundee DD2 5DA, United Kingdom: University of Dundee, Plant Science Research Group.

Jones, H. G. & Schofield, P., 2008. Thermal and other remote sensing of plant stress. *Gen. Appl. Plant Physiology 34(1-2),* pp. 19-32.

Ju, C.-H.et al., 2010. Estimating Leaf Chlorophyll Content Using Red Edge Parameters. *Pedosphere 20 (5),* pp. 633-644.

Kamal, M., Ghaly, A. E., Mahmoud, N. & Coté, R., 2004. Phytoaccumulation of heavy metals by aquatic plants. *Enviroment International 29 (1)*, pp. 1029-1039.

Katsoulas, N. et al., 2016. Crop reflectance monitoring as a tool for water stress detection in greenhouses: A review. *Biosystems Engineering 151*, pp. 374-398.

Kemerer, A. et al., 2007. *Comparación de índices espectrales para la predicción del IAF en canopeos de maíz.* s.l., Asociación Española de Teledetección.

Kim, Y. et al., 2011. Hyperspectral image analysis for water stress detection of apple trees. *Computers and Electronics in Agriculture 77*, pp. 155-160.

Konnerup, D., Koottatep, T. & Brix, H., 2009. Treatment of domestic wastewater in tropical, subsurface flow constructed wetlands planted with Canna and Heliconia. *Ecological Engineering 35 (2)*, pp. 248-257.

Kraft, M., Weigel, H. J., Mejer, . G. J. & Brandes, F., 1996. Reflectance Measurements of Leaves for Detecting Visible and Non-visible Ozone Damage to Crops. *Journal of Plant Physiology 148 (1)*, pp. 148-154.

Kress, J., Betancur, J., Roesel, C. & Echeverry, B., 1993. Lista preliminar de las heliconias de Colombia y Cinco especies nuevas. *Caldasia 17(2)*, pp. 183-197.

Krishania, S., Dwivedi, P. & Agarwa, K., 2013. Strategies of adaptation and injury exhibited by plants under a variety of external conditions: a short review. *Comunicata Scientiae 4(2)*, pp. 103-110.

Kruskal, W. H. & Wallis, . W. A., 1952. Use of Ranks in One-Criterion Variance Analysis. *Journal of the American Statistical Association 47(260)*, pp. 583-621.

Kuehl, R. O., 2001. *Diseño de Experimentos. Principios estadísticos de diseño y análisis de investigación.* Mexico: International Thomson Editores.

Kumar, B., Smita, K. & Flores, L. C., 2017. Plant mediated detoxification of mercury and lead. *Arabian Journal of Chemistry 10*, pp. 2335-2342.

Kumar, D. et al., 2017. Pongamia pinnata (L.) pierre tree seedlings offer a model species for arsenic phytoremediation. *Plant Gene.*

Kumar, K. S. et al., 2014. Algal photosynthetic responses to toxic metals and herbicides assessed by chlorophyllafluorescence. *Ecotoxicology and Environmental Safety 104*, pp. 51-71.

Kuzminov, F., Brown, C., Fadeev, V. & Gorbunov, M., 2013. Effects of metal toxicity on photosynthetic processes in coral symbionts, Symbiodiniumspp. *Journal of Experimental Marine Biology and Ecology 446,* pp. 216-227.

Lamb, D. W. et al., 2002. Estimating leaf nitrogen concentration in ryegrass (Lolium spp.) pasture using the chlorophyll red-edge: theoretical modelling and experimental observations. *International Journal of Remote Sensing 23 (18),* p. 3619–3648.

Legiscomex, 2013. *Estudio de mercado - sector minero en Colombia,* Bogotá: Legiscomex.

Leinonen, I. & Jones, H. G., 2004. Combining thermal and visible imagery for estimating canopy temperature and identifying plant stress. *Journal of Esperimental Botany 55 (401),* pp. 1423-1431.

Li, L., Zhang, Q. & Huang, D., 2014. A Review of Imaging Techniques for Plant Phenotyping. *Sensors 14(11),* pp. 20078-20111.

Lima, . R. S. N. et al., 2016. Linking thermal imaging to physiological indicators in Carica papaya L . under different watering regimes. *Agricultural Water Management,* pp. 148-157.

Lin, Y.-S., Medlyn, B. E. & Ellsworth, D. S., 2012. Temperature responses of leaf net photosynthesis: the role of component processes. *Tree Physiology 32,* pp. 219-131.

Lisar, S., Motafakkerazad, R., Hossain, M. & Rahman, I., 2012. Water Stress In Plants: Causes, Effects and Responses. En: *Water Stress.* s.l.:InTech, pp. 1-12.

Liu, B. et al., 2016. Combining spatial and spectral information to estimate chlorophyll contents of crop leaves with a field imaging spectroscopy system. *Precision Agriculture,* pp. 1-16.

Liu, M. et al., 2010. Neural-network model for estimating leaf chlorophyll concentration in rice under stress from heavy metals using four spectral indices. *Biosystems Engineering 106,* p. 223–233.

Li, X. et al., 2015. A hyperspectral index sensitive to subtle changes in the canopy chlorophyll content under arsenic stress. *International Journal of Applied Earth Observation and Geoinformation 36,* pp. 41-53.

Li, Y. et al., 2017. Dynamic analysis of ecological environment combined with land cover and NDVI changes and implications for sustainable urbanerural development: The case of Mu Us Sandy Land, China. *Journal of Cleaner Production 142*, pp. 697-715.

Li, Y., Zhang, Y. & Jiang, L., 2011. Modeling Chlorophyll Content of Korean Pine Needles with NIR and SVM. *Procedia Environmental Science 10*, pp. 222-227.

Lominchar, M., Sierra, M. & Millán, R., 2015. Accumulation of mercury inTypha domingensisunder field conditions. *Chemosphere 119*, pp. 994-999.

Lu, N. et al., 2015. Control of vapor pressure deficit (VPD) in greenhouse enhanced tomato growth and productivity during the winter season. *Scientia Horticulturae 197*, pp. 17-23.

Madera, C., 2015. *Tesis Doctoral: Fitorremediación de lixiviados de rellenos sanitarios mediante un acople eco-tecnológico utilizando especies vegetales nativas.* Santiago de Cali: Universidad del Valle.

Madera, C., Peña, E. & Soto, J., 2014. Efecto de la concentración de metales pesados en la respuesta fisiológica y capacidad de acumulación de metales de tres especies vegetales tropicales empleadas en la fitorremediación de lixiviados provenientes de rellenos sanitarios.. *Ingeniería y Competitividad 16 (2)*, pp. 179-188.

Madera-Parra, C., Peña, M., Peña, E. & Lens, P., 2015. Cr(VI) and COD removal from landfill leachate by polyculture constructed wetland at a pilot scale. *Enviromental Science and Pollution Research 22 (17)*, pp. 12804-12815.

Maes, W., Achten, W., Reubens, B. & Muys, B., 2011. Monitoring stomatal conductance ofJatropha curcasseedlings under different levels of water shortage with infrared thermography. *Agricultural and Forest Meteorology 151*, pp. 554-564.

Manara, A., 2012. Plant Responses to Heavy Metal Toxicity. En: *Plants and Heavy Metals.* Springer: Verona, pp. 27-53.

Mancera, N. & Alvarez, R., 2006. Estado del conocimiento de las concentraciones de mercurio y otros metales pesados en peces dulceacuículas de Colombia. *Acta Biología Colombiana 11 (1)*, pp. 3-23.

Mancilla-Leytón, J. M. et al., 2016. Evaluation of the potential of Atriplex halimus stem cuttings for phytoremediation of metal-polluted soils. *Ecological Engineering 97,* pp. 553-557.

Mangus, D. L., Sharda, A. & Zhang, N., 2016. Development and evaluation of thermal infrared imaging system for high spatial and tempral resolution crop water stress monitoring of corn within a greenhouse. *Computers and Electronics in Agriculture 121,* pp. 149-159.

Margarita, F. & Rodriguez, S., 2013. Revisión bibliográfica CULTIVO DEL GÉNERO HELICONIA Review Cultivation of the kind Heliconia. *Cultivos Tropicales 34 (2),* pp. 24-32.

Marrero-Coto, J., Amores-Sánchez, I. & Coto-Pérez, O., 2012. Fitorremediación, una tecnología que involucra a plantas y microorganismos en el saneamiento ambiental. *ICIDCA. Sobre los Derivados de la Caña de Azúcar 46(3),* pp. 52-61.

Marrugo-Negrete, J. et al., 2016. Mercury uptake and effects on growth in Jatropha curcas. *Journal of Environmental Sciences 48,* pp. 120-125.

Marrugo-Negrete, J. et al., 2015. Phytoremediation of mercury-contaminated soils by Jatropha curcas. *Chemosphere 127,* pp. 58-63.

Marrugo-Negrete, J., Navarro-Frómeta, A. & Ruiz-Guzmán, J., 2015. Concentraciones de mercurio total en peces del embalse Urrá (río Sinú, Colombia). Seis años de monitoreo. *MVZ Córdoba 20 (3),* pp. 4754-4765.

Mavrakis, A. & Papavasileiou, H., 2013. NDVI and E. de Martonne Indices in an Environmentally Stressed Area (Thriasio Plain – Greece). *Procedia Technology 8,* pp. 477-481.

Meron, M. y otros, 2010. Crop water stress mapping for site-specific irrigation by thermal imagery and artificial reference surfaces. *Precision Agriculture 11 (2),* pp. 148-162.

Mesquidaz, E. D., Marrugo Negrete, J. & Pinedo Hernández, J., 2013. Exposición a mercurio en trabajadores de una mina de oro en el norte de Colombia. *Salud Uninorte 29 (3),* pp. 534-541.

Micasense, I., 2015. *MicaSense RedEdge™3, Multispectral Camera, User Manual Rev06,* Seattle, Washington: s.n.

Mielke, M. S., Schaffer, B. & Schilling, A. C., 2012. Evaluation of reflectance spectroscopy indices for estimation of chlorophyll content in leaves of a tropical tree species. *Photosynthetica 50 (3),* pp. 343-352.

Minolta, 1994. *Chlorophyllmeter SPAD 502 User Manual,* Osaka, Japan: Minolta.

Moller, M. et al., 2007. Use of thermal and visible imagery for estimating crop water status of irrigated grapevine. *Journal of Experimental Botany 58 (4),* pp. 827-838.

Montoya, J., Ceballos, L., Casas, J. & Morató, J., 2010. Estudio comparativo de la remoción de materia orgánica en humedales construidos de flujo horizontal subsuperficial usando tres especies de macrófitas. *Revista EIA 14,* pp. 75-84.

Moreno-García, B., Guillén, M., Casterad, M. & Quilez, D., 2013. *Uso de imágenes aéreas multiespectrales para estimación del rendimiento en cultivo de arroz.* Madrid, s.n., pp. 22-24.

Moreno-Jiménez, E. et al., 2006. Mercury bioaccumulation and phytotoxicity in two wild plant species of Almade´n area. *Chemosphere 63,* pp. 1969-1973.

Mustafa, G. & Komatsu, S., 2016. Toxicity of heavy metals and metal-containing nanoparticles on plants. *Biochimica et Biophysica Acta 1864,* pp. 932-944.

Nakazawa, K. et al., 2016. Human health risk assessment of mercury vapor around artisanal small-scale gold mining area, Palu city, Central Sulawesi, Indonesia. *Ecotoxicology and Environmental Safety 124,* pp. 155-162.

Necemer, M. et al., 2008. Application of X-ray fluorescence analytical techniques in phytoremediation and plant biology studies. *Spectrochimica Acta Part B 63,* pp. 1240-1247.

Nikinmaa, E. et al., 2013. Assimilate transport in phloem sets conditions for leaf gas exchangepce_120. *Plant, Cell and Environment 36,* pp. 665-669.

Olivero, J., Mendoza, C. & Mestre, J., 1995. Mercurio en cabello de diferentes grupos ocupacionales en una zona de minería aurifera en el Norte de Colombia.. *Revista de salude pública 29 (95),* pp. 376-379.

Olivero-Verbel, J., Caballero-Gallardo, K. & Turizo-Tapia, A., 2015. Mercury in the goldmining district of San Martin de Loba, South of Bolivar (Colombia). *Environ Sci Pollut Res 22 (8),* pp. 5895-5907.

Opti-Sciences, I., 2012. *OS-30p+ Chlorophyll Fluorometer, User Manual,* USA: s.n.

Ortega, M., 2014. Niveles de plomo y mercurio en muestras de carne de pescado importado y local. *Pediatría 47 (3),* p. 51–54.

Oyundari, B., 2008. *Spectral indicators for assessing the effect of hydrocarbon leakage on vegetation.* Enschede-Netherlands: International Institute for Geo-Information Science and Earth Observation.

Pang, G., Wang, X. & Yang, M., 2017. Using the NDVI to identify variations in, and responses of, vegetation to climate change on the Tibetan Plateau from 1982 to 2012. *Quaternary International 444,* pp. 87-96.

Patra, M., Bhowmik, N., Bandopadhyay, B. & Sharma, A., 2004. Comparison of mercury, lead and arsenic with respect to genotoxic effects on plant system and the development of genetic tolerance. *Enviromental and Experimental Botany 52 (3),* pp. 199-223.

Peña-Salamanca, E., Madera-Parra, C., Sánchez, J. M. & Medina-Vásquez, J., 2013. Bioprospección de plantas nativas para su uso en procesos de biorremediación: Caso Heliconia Psittacorum (Heliconiacea). *Revista de la Academia Colombiana de Ciencias Exactas, Físicas y Naturales 37 (145),* pp. 469-481.

Penuelas, J. & Filella, I., 1998. Visible and near-infrared reflectance techniques for diagnosing plant physiological status. *Trends in Plant Science 3(4) ,* pp. 151-156.

Peñuelas, J. & Inoue, Y., 1999. Reflectance indices indicative of changes in water and pigment contents of peanut and wheat leaves. *Photosynthetica 36(3),* pp. 355-360.

Pérez, O., 2004. *Detección de estrés hídrico en Olivar mediante fluorescencia clorofílica, métodos de espectroscopía y teledetección térmica.* Córdoba: Universidad de Córdoba - .

Petach, A. R., Toomey, M., Aubrecht, D. M. & Richardson, A. D., 2014. Monitoring vegetation phenology using an infrared-enabled security camera. *Agricultural and Forest Meteorology 195,* pp. 143-151.

Petrozza, A. y otros, (2014) . Physiological responses to Megafol® treatments in tomato plants under drought stress: A phenomic and molecular approach. *Scientia Horticulturae 174 ,* p. 185–192.

Posada, M. I. & Arroyave, M. d. P., 2017. Efectos del mercurio sobre algunas plantas acuáticas tropicales. *Revista EIA 6,* pp. 57-67.

Prasad, M., 1998. Metal-biomolecule complexes in plants: Occurrence, functions, and applications. *Metals and Biomolecules 26 (6),* pp. 25-27.

Radhakrishnan, R. & Lee, I.-J., 2013. Regulation of salicylic acid, jasmonic acid and fatty acids in cucumber (Cucumis sativusL.) by spermidine promotes plant growth against salt stress. *Acta Physiologiae Plantarum 35 (12),* pp. 3315-3322.

Ramoelo, A. et al., 2015. Potential to monitor plant stress using remote sensing tools. *Journal of Arid Environments 113,* pp. 134-144.

Rapaport, T. y otros, (2015) . Combining leaf physiology, hyperspectral imaging and partial least squares-regression (PLS-R) for grapevine water status assessment. *ISPRS Journal of Photogrammetry and Remote Sensing 109,* p. 88–97.

Riaz, A. et al., 2016. Mercury contamination in the blood, urine, hair and nails of the gold washers and its human health risk during extraction of placer gold along Gilgit, Hunza and Indus rivers in Gilgit-Baltistan, Pakistan. *Environmental Technology & Innovation 5,* pp. 22-29.

Rodriguez, T. & Ospina, I., 2005. Constructed wetland of vertical flow to improve Bogotá river water quality. *Ciencia e Ingeniería Neogranadina 15,* pp. 74-84.

Rodriguez-Villamizar, L. A., Jaimes, D. C., Manquián-Tejos, A. & Sánchez, L. H., 2015. Irregularidad menstrual y exposición a mercurio en la minería artesanal del oro en Colombia. *Biomédica 35 (2),* pp. 38-45.

Romero-Trigueros, C. et al., 2017. Effects of saline reclaimed waters and deficit irrigation on Citrus physiology assessed by UAV remote sensing. *Agricultural Water Management 183,* pp. 60-69.

Rossini, M. et al., 2013. Assessing canopy PRI from airborne imagery to map water stress in maize. *ISPRS Journal of Photogrammetry and Remote Sensing 86,* pp. 168-177.

Rud, R. et al., 2014. Crop water stress index derived from multi-year ground and aerial thermal images as an indicator of potato water status. *Precision Agriculture 15 (3),* pp. 273-289.

Sanchez, M. y otros, 2010. Producción de biomasa y absorción de metales pesados por cuatro plantas crecidas en el basurero Morovia, Medellín, Colombia. *Acta Biológica Colombiana 15 (2)*, pp. 271-288.

Sandoval, J., 2009. *Evaluación del desempeño d ehumedales subsuperficiales para el tratamiento de aguas residuales domésticas: aplicación de algunos modelos existentes,* Cali - Colombia: Universidad del Valle.

Santesteban, L. et al., 2017. High-resolution UAV-based thermal imaging to estimate the instantaneous and seasonal variability of plant water status within a vineyard. *Agricultural Water Management 183,* pp. 49-59.

Schulze, E.-D., Beck, E. & Muller-Hohenstein, K., 2005. Environment as Stress Factor: Stress Physiology of Plants. In: *Plant Ecology.* Berlin: Springer, pp. 7-250.

Sermons, S. M., Sinclair, T. R., Seversike, T. M. & Rufty, T. W., 2017. Assessing transpiration estimates in tall fescue: The relationship among transpiration, growth, and vapor pressure deficits. *Environmental and Experimental Botany 137,* pp. 119-127.

Shimada, S. et al., 2012. Developing the Monitoring Method for Plant Water Stress. *Journal of Arid Land Studies 22 (1),* pp. 251-254.

Shiyab, S. et al., 2009. Phytotoxicity of mercury in Indian mustard (Brassica junceaL.). *Ecotoxicology and Environmental Safety (72),* pp. 629-625.

SIB, 2009. *Sistema de información sobre Biodiversidad de Colombia.* [En línea] Available at: http://www.sibcolombia.net/web/sib/home [Último acceso: 5 Mayo 2016].

Silva, H., Martinez, J. P., Baginsky, C. & Pinto, M., 1999. Efecto del déficit hídrico en la anatomía foliar de seis cultivares de poroto Phaseolus vulgaris. *Revista Chilena de Historia Natural 72,* pp. 219-235.

Silva, M. et al., 2017. Respuesta en parámetros de intercambio gaseoso y supervivencia en plantas jóvenes de genotipos comerciales de Eucalyptus spp sometidas a déficit hídrico. *Bosque (Valdivia) 38 (1),* pp. 79-87.

Singh, S. K. & Reddy, K. R., 2011. Regulation of photosynthesis, fluorescence, stomatal conductance and water-use efficiency of cowpea (Vigna unguiculata[L.] Walp.) under drought. *Journal of Photochemistry and Photobiology B: Biology 105,* pp. 40-50.

Slaton, M., Hunt, E. & Smith, W., 2001. Estimating Near-Infrared Leaf Reflectance from Leaf Structural Characteristics. *American Journal of Botany 88(2),* pp. 278-284.

Smith, G. & Milton, E., 1999. International Journal of The use of the empirical line method to calibrate remotely sensed data to reflectance. *International Journal of Remote Sensing 20 (13),* pp. 2653-2662.

Smits, E., 2005. Phytoremediation. *Annual Review of Plant Biology 56(1),* pp. 15-39.

Solarte, M. E., Pérez, L. V. & Melgarejo, L. M., 2010. Ecofisiología Vegetal. In: *Experimentos en Fisiología Vegetal.* Colombia: Universidad Nacional de Colombia, pp. 137-166.

Sosa, F., 2013. Revisión Bibliográfica: Cultivo del Género Heliconia. *Cultivos Tropicales 34 (1),* pp. 24-32.

Stone, C., Chisholm, L. & Coops, N., 2001. Spectral reflectance characteristics of eucalypt foliage damaged by insects. *Australian journal of botany 49,* pp. 687-698.

Streck, N. A., 2003. Stomatal response to water vapor pressure deficit: an unsolved issue. *Current Agricultural Science and Technology (CAST) 9 (4),* pp. 317-322.

Sun, J., Wang, X. & Chen, A., 2011. NDVI indicated characteristics of vegetation cover change in China's metropolises over the last three decades. *Environmental Monitoring and Assessment 179(1),* p. 1–14.

Suo, X.-m.et al., 2010. Artificial Neural Network to Predict Leaf Population Chlorophyll Content from Cotton Plant Images. *Agricultural Sciences in China 9(1),* pp. 38-45.

Tadeo, F., 2000. Fisología de las Plantas y Estrés. In: *Fundamentos de Fisiología Vegetal.* s.l.:Universidad de Barcelona, pp. 481-497.

Tariq, S. R. & Ashraf, A., 2016. Comparative evaluation of phytoremediation of metal contaminated soil of firing range by four different plant species. *Arabian Journal of Chemistry 9,* pp. 806-814.

Tauqeer, H. et al., 2016. Phytoremediation of heavy metals by Alternanthera bettzickiana: Growth and physiological response. *Ecotoxicology and Environmental Safety 126*, pp. 138-146.

Teles, M. V., Rodrigues de Souza, R., Silva Teles, V. & Araújo Mendes, E., 2014. Phytoremediation of water contaminated with mercury using Typha domingensis in constructed wetland. *Chemosphere 103 (1)*, pp. 228-233.

Tesfuhuney, W. A., Walker, S., Van Rensburg, L. D. & Steyn, A. S., 2016. Micrometeorological measurements and vapour pressure deficit relations under in-field rainwater harvesting. *Physics and Chemistry of the Earth 94*, pp. 196-206.

Tong, A. & He, Y., 2017. Estimating and mapping chlorophyll content for a heterogeneous grassland: Comparing prediction power of a suite of vegetation indices across scales between years. *ISPRS Journal of Photogrammetry and Remote Sensing 126*, pp. 146-167.

Torri, S., 2016. *Fotoquímica.* Buenos Aires: Facultad de Agronomía, Universidad de Buenos Aires.

Tran, C. D. & Grishko, V. I., 2004. Determination of water contents in leaves by a near-infrared multispectral. *Microchemical Journal 76*, pp. 91-94.

Uiboupin, R. et al., 2012. Monitoring the effect of upwelling on the chlorophyll a distribution in the Gulf of Finland (Baltic Sea) using remote sensing and in situ data. *Oceanologia 54 (3)*, pp. 395-419.

Vergara, E. J. & Rodriguez, P. E., 2015. Presencia de mercurio, plomo y cobre en tejidos de Orechromis niloticus: sector de la cuenca alta del Rio Chicamocha, vereda Volcán, Paipa, Colombia. *Producción + Limpia 10 (2)*, pp. 114-126.

Vidal Durango, J. V., Marrugo Negrete, J. L., Jaramillo Colorado, B. & Perez Castro, L. M., 2010. Remediación de suelos contaminados con mercurio utilizando guarumo (Cecropia peltata). *Ingeniería & Desarrollo. Universidad del Norte 27*, pp. 113-129.

Vigneau, N., Ecarnot, M., Rabatel, G. & Roumet, P., 2011. Potential of field hyperspectral imaging as a non destructive method to assess leaf nitrogen content in Wheat Potential of field hyperspectral imaging as a non destructive method to assess leaf nitrogen content in Wheat. *Field Crops Research, Elsevier 122 (1)*, pp. 25-31.

Viña, A. & Gitelson, A., 2011. Sensitivity to Foliar Anthocyanin Content of Vegetation Indices Using Green Reflectance. *IEEE Geoscience and Remote Sensing Letters 8 (3),* pp. 464-468.

Vogelmann, J., Rock, B. & Moss, M., 1993. Red edge spectral measurements from sugar maple leaves. *International Journal of Remote Sensing 14 (8),* pp. 1563 - 1575.

Wang, H.-f.et al., 2016. Estimating leaf SPAD values of freeze-damaged winter wheat using continuous wavelet analysis. *Plant Physiology and Biochemistry 98,* pp. 39-45.

Wang, L. et al., 2017. A review on in situ phytoremediation of mine tailings. *Chemosphere 184,* pp. 594-600.

Wang, M. y otros, 2016. Evaluation of water-use efficiency in foxtail millet (Setaria italica) using visible-near infrared and thermal spectral sensing techniques. *Talanta 152 ,* p. 531–539.

Wang, M. et al., 2012. Thermographic visualization of leaf response in cucumber plants infected with the soil-borne pathogen Fusarium oxysporum f. sp. cucumerinum. *Plant Physiology and Biochemistry 61,* pp. 153-161.

Wettstein, D. v., Gough, S. & Kannangara, G., 1995. Chlorophyll Biosynthesis. *The Plant Cell 7,* pp. 1039-1057.

Xue, W. et al., 2016. Conditional variations in temperature response of photosynthesis, mesophyll and stomatal control of water use in rice and winter wheat. *Field Crops Research 199,* pp. 77-88.

Xu, J. et al., 2009. Estimation of chlorophyll-a concentration using field spectral data: a case study in inland Case-II waters, North China. *Environmental Monitoring and Assessment 158 (1),* pp. 105-116.

Xu, X. et al., 2011. *Assessing Rice Chlorophyll Content with Vegetation Indices from Hyperspectral Data.* Nanchang, China, Li D., Liu Y., Chen Y. (eds) Computer and Computing Technologies in Agriculture IV. CCTA 2010, pp. 296-303.

Yang, J., Zhang, D. & Li, Y., 2011. How to remove the influence of trace water from the absorption spectra of SWNTs dispersed in ionic liquids. *Beilstein Journal of Nanotechnology 2*, pp. 653-658.

Yang, X., Yu, Y. & Fan, W., 2015. Chlorophyll content retrieval from hyperspectral remote sensing imagery. *Environmental Monitoring and Assessment 187 (7)*, pp. 443-456.

Yuan, W. et al., 2015. Use of infrared thermal imaging to diagnose health of Ammopiptanthus mongolicus in northwestern China. *Journal of Forestry Research 26(3)*, pp. 605-012.

Zarco-Tejada, P. et al., 2005. Assessing vineyard condition with hyperspectral indices: Leaf and canopy reflectance simulation in a row-structured discontinuous canopy. *Remote Sensing of Environment 99*, pp. 271-287.

Zarco-Tejada, P., Berjón, A. & Miller, J., 2004. *Stress Detection in Crops with Hyperspectral Remote Sensing and Physical Simulation Models.* Bruges-Belgium, s.n.

Zarco-Tejada, P. et al., 2013. A PRI-based water stress index combining structural and chlorophyll effects: Assessment using diurnal narrow-band airborne imagery and the CWSI thermal index. *Remote Sensing of Environment 138*, pp. 38-50.

Zhang, H. y otros, 2011. Monitoring Leaf Chlorophyll Fluorescence with Spectral Reflectance in Rice (Oryza sativa L.). *Procedia Engineering 15*, pp. 4403-4408.

Anexo A. Riego de unidades experimentales

Durante los tres meses de experimentación se realizó riego de agua dos veces por semana para ajustar la humedad del sustrato de cada unidad experimental (UE) al nivel de saturación (77 %). Se realizaron 25 riegos durante los tres meses en las fechas que se presentan en la Tabla C1. El cálculo de la lámina de agua se realizó considerando un área efectiva de 314.16 cm^2 para cada UE y una profundidad efectiva de raíz de 0.10m. La humedad del sustrato se midió *in situ* usando un equipo de refractometría de dominio temporal (TDR). Al agua de riego de las UE de tratamiento se les agregó una cantidad de Hg hasta alcanzar una concentración de 71.56 µg L^{-1}. La Figura C1A muestra el volumen de agua promedio adicionado al grupo de control y tratamiento. En promedio, cada UE recibió 0.78 mg de Hg con desviación estándar 0.067 mg (Figura C1B).

Tabla C1. Calendario de riego de UE durante los tres meses de experimentación.

Día de riego	Fecha	Día de riego	Fecha	Día de riego	Fecha
1	07/03/2017	10	11/04/2017	18	12/05/2017
2	10/03/2017	11	18/04/2017	19	16/05/2017
3	14/03/2017	12	21/04/2017	20	19/05/2017
4	21/03/2017	13	25/04/2017	21	23/05/2017
5	24/03/2017	14	28/04/2017	22	26/05/2017
6	28/03/2017	15	02/05/2017	23	30/05/2017
7	31/03/2017	16	05/05/2017	24	02/06/2017
8	04/04/2017	17	09/05/2017	25	06/06/2017
9	07/04/2017				

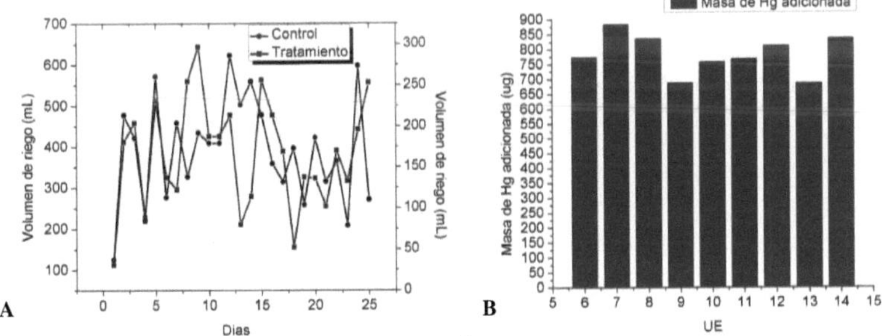

Figura A1. A. Volumen de agua promedio adicionada a las UE de tratamiento y control. B Cantidad total de Hg adicionado a cada UE.

Anexo B. Preparación de agua de riego dopada con mercurio

La preparación del agua de riego se realizó mediante cuatro diluciones sucesivas de la sal HgCl₂ (*Merck ® EC Number 231-299-8, assay* 99.5 %) hasta alcanzar un volumen de producción de 100L con concentración 71.56 µg L^{-1} (Figura D1). Se pesaron 97.45 mg de la sal $HgCl_2$ en balanza analítica, se disolvieron en 0.1L de agua destilada para obtener una concentración $C = 974.5mg$ L^{-1} ($HgCl_2$). Teniendo en cuenta la pureza de la sal y el peso molar de las moléculas se obtiene la concentración de Hg inicial $C_1 = 715.6\ mg$ L^{-1} (Hg). Tomando una muestra de 0.01L y factor de dilución 1:10 se obtuvo una concentración $C_2 = 71.56\ mg$ L^{-1} (Hg). Con la totalidad del volumen (0.1 L) se realizó una nueva dilución en 0.4L de agua destilada para obtener una nueva concentración $C_3 = 14.312\ mg$ L^{-1} (Hg). Finalmente, se realizó una última dilución en 99.5 L de agua potable, tomando la totalidad del volumen (0.5 L) para llegar a la concentración deseada de riego $C_4 = 71.56$ µg L^{-1} (Hg).

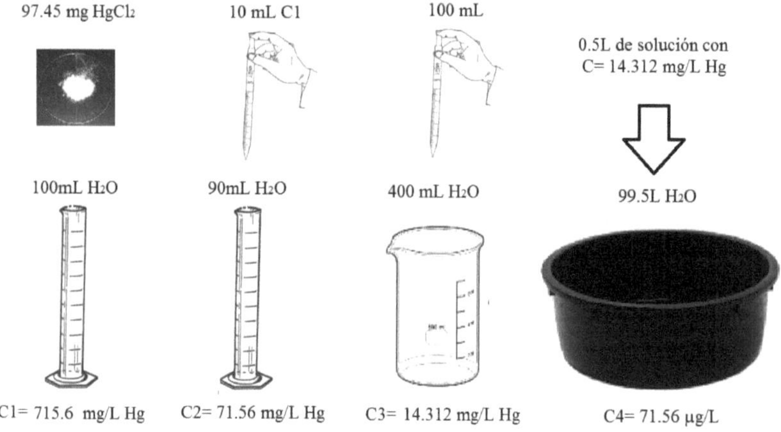

Figura B1. Preparación de agua de riego a partir de sal de mercurio HgCl₂ mediante diluciones

Printed by Books on Demand GmbH, Norderstedt / Germany